Klaus Stierstadt

Temperatur und Wärme – was ist das wirklich?

Ein Überblick über die Definitionen in der Thermodynamik

 Springer Spektrum

Klaus Stierstadt
Universität München
München, Deutschland

ISSN 2197-6708   ISSN 2197-6716   (electronic)
essentials
ISBN 978-3-658-28644-6   ISBN 978-3-658-28645-3   (eBook)
https://doi.org/10.1007/978-3-658-28645-3

Die Deutsche Nationalbibliothek verzeichnet diese Publikation in der Deutschen Nationalbiblio-
grafie; detaillierte bibliografische Daten sind im Internet über http://dnb.d-nb.de abrufbar.

Springer Spektrum

Springer Spektrum ist ein Imprint der eingetragenen Gesellschaft Springer Fachmedien Wiesbaden
GmbH und ist ein Teil von Springer Nature.
Die Anschrift der Gesellschaft ist: Abraham-Lincoln-Str. 46, 65189 Wiesbaden, Germany

essentials

essentials liefern aktuelles Wissen in konzentrierter Form. Die Essenz dessen, worauf es als „State-of-the-Art" in der gegenwärtigen Fachdiskussion oder in der Praxis ankommt. *essentials* informieren schnell, unkompliziert und verständlich

- als Einführung in ein aktuelles Thema aus Ihrem Fachgebiet
- als Einstieg in ein für Sie noch unbekanntes Themenfeld
- als Einblick, um zum Thema mitreden zu können

Die Bücher in elektronischer und gedruckter Form bringen das Expertenwissen von Springer-Fachautoren kompakt zur Darstellung. Sie sind besonders für die Nutzung als eBook auf Tablet-PCs, eBook-Readern und Smartphones geeignet. *essentials:* Wissensbausteine aus den Wirtschafts-, Sozial- und Geisteswissenschaften, aus Technik und Naturwissenschaften sowie aus Medizin, Psychologie und Gesundheitsberufen. Von renommierten Autoren aller Springer-Verlagsmarken.

Weitere Bände in der Reihe http://www.springer.com/series/13088

Was Sie in diesem *essential* finden können

- Sie erhalten einen Überblick über die Definitionen von Temperatur, Wärme und Entropie in der Thermodynamik.
- Sie lernen wie Temperatur, Wärme und Entropie für verschiedene Systeme aus den mikroskopischen Energiezuständen der Atome berechnet werden können.
- Dieses *essential* schlägt eine Brücke zwischen den beiden Thermodynamik-Vorlesungen, nämlich der einfachen Wärmelehre im 1. oder 2. Semester und der anspruchsvollen Statistischen Physik im 5. Semester. Was Sie in der Zwischenzeit vergessen haben, oder was im 5. Semester vorausgesetzt wird, das finden Sie in diesem *essential*.

Vorwort

Die Thermodynamik – ursprünglich die Lehre von den Dampfmaschinen – ist wegen ihrer relativen Abstraktheit das unbekannteste Gebiet der klassischen Physik. Sie ist aber gleichzeitig ihr heute wichtigster Teil. Als Lehre von den Umwandlungen der Energie braucht man sie zum Verständnis unseres weltweiten Energieproblems und damit der aktuellen Klimaveränderung (siehe mein Buch „Energie – das Problem und die Wende", 2015 [1]). Um so unverständlicher ist es, dass die Thermodynamik bzw. die Wärmelehre aus den Lehrplänen unserer Schulen fast ganz verschwunden ist. Und an den Hochschulen wird sie ebenfalls oft stiefmütterlich behandelt. Das verdanken wir allerdings der Bologna-Reform unserer Studiengänge.

Aus diesem Grunde habe ich drei *essentials* geschrieben, in denen die wesentlichen Inhalte der Thermodynamik besprochen werden: Die atomistische Interpretation von Temperatur und Wärme, die thermodynamischen Potenziale, und die damit erklärbaren Eigenschaften der Stoffe. Diese drei *essentials* – von denen Sie eines hier in der Hand halten – liefern zusammen genommen eine Brücke zwischen der einfachen Wärmelehre, wie sie am Anfang des Bachelorstudiums angeboten wird, und zwischen der anspruchsvollen Statistischen Physik am Ende dieses Studiums. Sie sollten daher bereits ein wenig Grundwissen zu den Begriffen der Thermodynamik mitbringen.

Die drei *essentials* stellen auch jedes für sich ein nützliches Werkzeug dar, um das Wesentliche, das „Essenzielle" der Thermodynamik zu verstehen. So dient zum Beispiel das Wissen von der Entropie zum Verständnis des Wirkungsgrads unserer Energie-Wandler. Und die Energiebilanz unserer Atmosphäre bildet die Grundlage zum Verständnis des Klimawandels. Für diese und viele andere Probleme in Natur und Technik ist eine solide Kenntnis der Thermodynamik unverzichtbar.

Klaus Stierstadt

Inhaltsverzeichnis

Einführung

1

Temperatur, Wärme und Entropie sind allgemeine Eigenschaften von Materie und Strahlung. Sie werden im Rahmen der thermischen Physik bzw. der Thermodynamik behandelt. Diese drei thermischen Größen T, Q und S sind aber nicht den einzelnen Atomen, Elementarteilchen oder Strahlungsquanten zu eigen, sondern sie treten erst bei Systemen von sehr vielen solcher Teilchen in Erscheinung. Das heißt, sie sind kollektive oder kooperative Eigenschaften. Was „viel" in diesem Zusammenhang bedeutet, das ergibt sich aus dem Anspruch an die Genauigkeit der Messung oder der Berechnung. Ganz grob gesprochen liegt die Grenze oft bei etwa 10.000 Teilchen. Dann beträgt der statistische Fehler mancher Aussagen etwa 1 %. Vereinfacht kann man sagen: Ein Atom hat keine Temperatur, aber 10.000 Atome haben schon eine solche.

Die thermischen Größen werden in jedem Thermodynamiklehrbuch beschrieben und definiert, nur leider in fast jedem etwas anders. Allgemein gebräuchliche und zutreffende Definitionen sind etwa die folgenden:

- **Temperatur** ist die Eigenschaft eines Körpers, die es ermöglicht, dass er mit anderen Körpern Energie austauschen kann. Das kann auch dann geschehen, wenn zwischen den Körpern keine sonstigen Kräfte wirksam sind, wie zum Beispiel Druck, elektrische oder magnetische Felder, ein chemisches Potenzial usw., sondern wenn nur eine Temperaturdifferenz besteht. Die Energie strömt dann vom wärmeren zum kälteren Körper.
- **Wärme** nennt man diejenige Energie, die genau auf diese Weise ausgetauscht wird, wenn also nur eine Temperaturdifferenz zwischen beiden Körpern

© Springer Fachmedien Wiesbaden GmbH, ein Teil von Springer Nature 2020
K. Stierstadt, *Temperatur und Wärme – was ist das wirklich?*, essentials,
https://doi.org/10.1007/978-3-658-28645-3_1

herrscht. Die Wärme ist daher eine spezielle Übertragungsart der Energie, das heißt, eine Prozessgröße.

• **Entropie** ist ein Maß für die Anzahl der möglichen Energiezustände eines Körpers. Ihre Änderung bei einem Wärmeübertrag ist größer oder gleich der Energieänderung dividiert durch die Temperatur.

Diese Wortdefinitionen sind, wie man sieht, untereinander abhängig. Sie haben zunächst keinen Bezug zu den Eigenschaften der Bestandteile der Materie. Man kann mit diesen Größen Thermodynamik treiben, wenn man noch die Arbeit und die innere Energie hinzunimmt. Und zwar ohne, dass man auf die Eigenschaften der Atome oder Elementarteilchen zurückgeht. Solche Eigenschaften sind zum Beispiel die Masse, die elektrische Ladung, das magnetische Moment, die Energie und der Impuls der Bestandteile. Wenn man jedoch wissen will, was T, Q und S nun *wirklich sind,* so muss man sie auf diese Eigenschaften der Bestandteile von Materie zurückführen. Denn das verstehen wir in der Physik unter „verstehen".

Oft wird die thermische Größe Temperatur am Beispiel eines idealen Gases erläutert und definiert (vgl. Kap. 10). Aus der thermischen Zustandsgleichung, der idealen Gasgleichung, folgt

$$T = \frac{PV}{Nk}, \tag{1.1}$$

und es gibt dazu die kalorische Zustandsgleichung

$$T = \frac{2U}{3Nk} \tag{1.2}$$

(P Druck, V Volumen, N Teilchenzahl, k Boltzmann-Konstante, U innere Energie). Aber diese beiden sind empirisch gewonnene Beziehungen für die Temperatur, die aus dem Modell eines idealen Gases folgen. Die Eigenschaften der Atome kommen darin nicht vor. Für Flüssigkeiten, Festkörper usw. lauten solche Beziehungen für die Temperatur ganz anders. Jedoch wächst auch hier die Temperatur in erster Näherung monoton mit der inneren Energie U eines Körpers.

Noch ein Wort zur Umgangssprache: Dort werden die Begriffe Wärme und Kälte für hohe bzw. tiefe Temperaturen benutzt. Sie haben dabei nichts mit der physikalisch definierten Wärme zu tun.

Was ist Temperatur?

2

Es ist eine gut gesicherte Erfahrungstatsache, dass die Temperatur eines Körpers bei Zufuhr von Energie ansteigt und bei Entnahme von Energie abnimmt. Das wissen wir zum Beispiel vom *Grundexperiment der Wärmeleitung* (Abb. 2.1). Zwei Körper (1) und (2) aus beliebiger Materie mit den Temperaturen T_1 und $T_2 > T_1$ werden zum Zeitpunkt t_0 in *thermischen Kontakt* gebracht (a). Dann ändern sich ihre Temperaturen mit der Zeit wie im Teilbild (b) dargestellt. Nach längerer Zeit haben die beiden Körper (1) + (2) = (✳) die Temperatur T^* angenommen. Dabei ist thermische Energie Q durch die wärmeleitende Wand von (2) nach (1) gewandert. Sie wurde durch Stöße der in (2) vorhandenen Atome an die Trennwand übertragen und von dieser bzw. ihren Atomen auf diejenigen in (1).

Um zu verstehen, wie die Temperatur eines Körpers mit der Energie seiner Atome bzw. Moleküle zusammenhängt, betrachten wir in Abb. 2.2 ein atomistisches Bild des Experiments von Abb. 2.1. In einem Gefäß befindet sich ein Gas, in dessen einer Hälfte eine höhere Temperatur herrscht als in der anderen, Dies ist durch die Länge der Geschwindigkeitspfeile der Atome angedeutet. Durch Zusammenstöße der Atome gleichen sich ihre Geschwindigkeiten und damit die Temperatur (s. Kap. 10) im Gas aneinander an. Die Gesamtenergie im Gefäß ändert sich dabei nicht. Offenbar hängt die Temperatur eines Körpers nicht nur von der Energie selbst sondern auch von ihrer Verteilung auf seine Bestandteile ab. Diese Tatsache hat schon Ludwig Boltzmann (1844–1906) erkannt und in seinem berühmten Buch „Vorlesungen über Gastheorie" 1896 ausführlich begründet.

Wir wollen jetzt den Vorgang aus den Abb. 2.1 und 2.2 genauer untersuchen. Wir betrachten ein einfaches Modell und verwenden dazu ein Ergebnis aus der Quantentheorie: „Energie kann nur in kleinen Portionen, sogenannten **Quanten,** zwischen Atomen oder anderen Körpern ausgetauscht werden." Diese Tatsache ist uns aus der Schule, zum Beispiel von Bohrs Atommodell her bekannt;

© Springer Fachmedien Wiesbaden GmbH, ein Teil von Springer Nature 2020
K. Stierstadt, *Temperatur und Wärme – was ist das wirklich?*, essentials,
https://doi.org/10.1007/978-3-658-28645-3_2

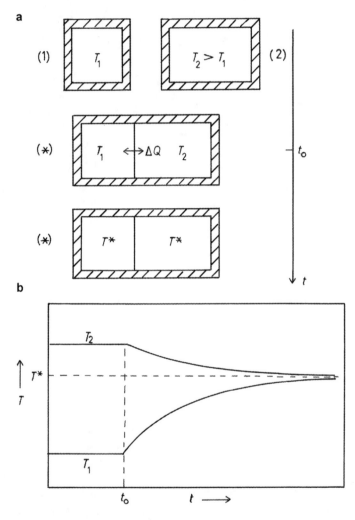

Abb. 2.1 Temperaturausgleich zwischen zwei Körpern; **a** Versuchsanordnung, **b** Temperaturverlauf. Schraffiert gezeichnete Wände sind wärmeundurchlässig (adiabatisch), einfach gezeichnete Wände gestatten einen Wärmetransport (diathermisch). Eine solche Wand vermittelt thermischen Kontakt

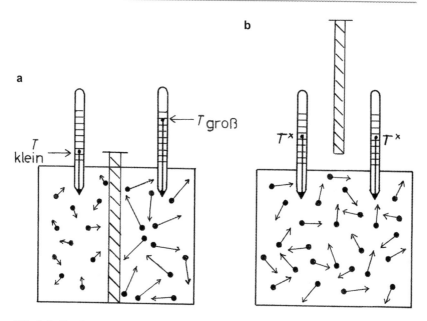

Abb. 2.2 Zur Geschwindigkeitsverteilung von Gasatomen. Durch Herausziehen der adiabatischen Trennwand bekommen die Gasvolumina links und rechts thermischen Kontakt. Wärme kann dann von rechts nach links fließen

Boltzmann musste sie postulieren. Hat man mehrere Atome und mehrere solcher Quanten zu betrachten, so kann man die Zahl der Möglichkeiten, die Quanten auf die Atome zu verteilen, berechnen. Das ist in Abb. 2.3 erläutert. Die Zahl ω der Möglichkeiten q Quanten auf N Atome zu verteilen, die sogenannte *Zustandszahl* beträgt

$$\omega = \frac{(q + N - 1)!}{q!(N - 1)!} \tag{2.1}$$

Dies kann man sich leicht am Beispiel kleiner Zahlen wie in Abb. 2.3 klar machen. Wir wollen diese Beziehung nun auf unseren Grundversuch in Abb. 2.1 anwenden. Wie viele Möglichkeiten die Energie auf die Atome zu verteilen gibt es in den Körpern (1) und (2) und im zusammengesetzten System (✳)? Wir werden am Ende sehen, dass die Temperatur direkt mit der Zahl dieser Verteilungsmöglichkeiten zusammenhängt.

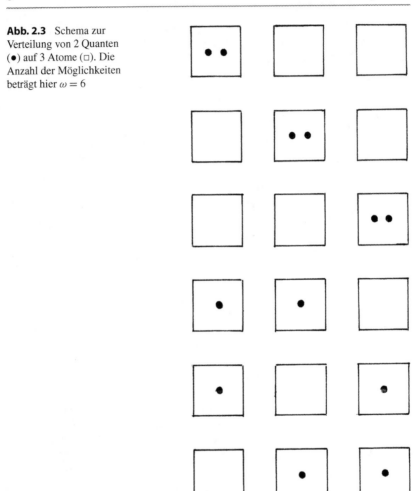

Zunächst betrachten wir zwei Körper mit je $N = 3$ Atomen und zusammen $q = 6$ Energiequanten (Abb. 2.4a). Diese Quanten können durch die Trennwand hindurch zwischen den Atomen der beiden Körpern (1) und (2) ausgetauscht werden. Die zugehörigen Zahlen ω_i sind nach Gl. (2.1) berechnet (Teilbild b): Wenn Körper (1) $q_1 = 4$ Quanten und $\omega\omega_1 = 15$ Verteilungsmöglichkeiten für diese hat,

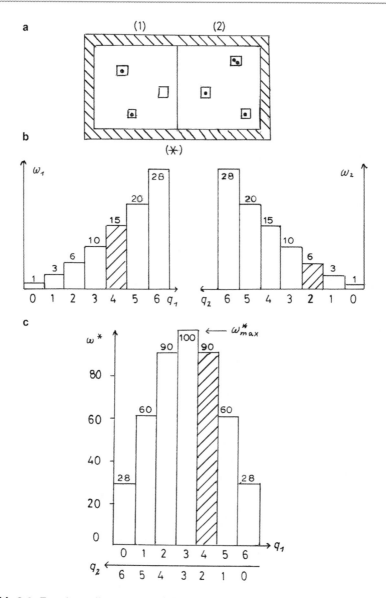

Abb. 2.4 Energieverteilung von zwei Körpern im thermischen Kontakt. **a** Skizze der Anordnung (□ Atome, ● Energiequanten). **b** Anzahl ω_i der Möglichkeiten, die Quanten im Körper (1) bzw. (2) auf seine Atome zu verteilen, als Funktion der Anzahl q_i der Quanten in (1) bzw. (2). **c** Anzahlen $\omega^* = \omega_1 \cdot \omega_2$ des kombinierten Systems (✳) als Funktion der Energien beider Körper

dann besitzt (2) $q_2 = 2$ Quanten und $\omega_2 = 6$ Möglichkeiten usw. Nun betrachten wir das kombinierte System (1) + (2) = (∗). Weil für jede der ω_1 Möglichkeiten von (1) der Körper (2) jede seiner ω_2 Möglichkeiten der Energieverteilung zur Verfügung hat, besitzt das Gesamtsystem (∗) $\omega^* = \omega_1 \cdot \omega_2 = 15 \cdot 6 = 90$ Möglichkeiten, die Energie auf alle seine 6 Atome zu verteilen. Das Ergebnis zeigt die Abb. 2.4c: Es gibt ein Maximum der Verteilungsmöglichkeiten der Energie bei $q_{1m} = q_{2m} = 3$, nämlich $\omega^*_{max} = 100$. Wenn sich nun die Energieverteilung zwischen (1) und (2) durch Stöße der Atome im Lauf der Zeit ständig verändert, so beobachtet man am häufigsten den Zustand mit $q_{1m} = q_{2m}$ und ω^*_{max}. Das ist dann der Fall, wenn das System (∗) alle $\sum \omega^* = 462$ Möglichkeiten der Energieverteilung im Lauf der Zeit gleich oft realisiert. Boltzmann hat dies als *Grundannahme der statistischen Mechanik* folgendermaßen ausgedrückt:

- Ein abgeschlossenes System im Gleichgewicht ist mit gleicher Wahrscheinlichkeit in jedem seiner erreichbaren Zustände anzutreffen.

Diese **Grundannahme** kann bis heute nicht bewiesen oder aus anderen Gesetzen abgeleitet werden. Ihre Gültigkeit beruht allein auf den Erfolgen, die mit ihr erreicht worden sind. Sie trägt natürlich der Tatsache Rechnung, dass Atome jede Energiemenge aufnehmen oder abgeben können, die mit den Grundgesetzen der Physik verträglich ist.

Hier noch etwas zur Nomenklatur: Die einzelnen ω der zu einer bestimmten Energie q_i gehörigen Verteilungsmöglichkeiten nennt man die *Mikrozustände* des Systems. Ihre Summe heißt *Makrozustand* und umfasst ω^*_i Mikrozustände. Die Zahlen ω^*_i heißen Vielfachheit des Makrozustands.[1]

Das Beispiel für den Energieaustausch zweier Systeme in Abb. 2.4 mit nur 3 Atomen auf jeder Seite entspricht natürlich kaum der Realität. In normalen Festkörpern gibt es etwa $3 \cdot 10^{22}$ Atome pro Kubikzentimeter, in Gasen etwa $3 \cdot 10^{19}$. Und es gibt in der Realität nicht nur 6 Energiequanten sondern im Allgemeinen viel mehr als es Atome gibt. Wenn wir die Rechnung mit so großen Zahlen durchführen, erhalten wir eine Verteilung, wie sie in Abb. 2.5 skizziert ist. Dabei sind q_1 und q_2 wieder die Anzahlen der Quanten in (1) und (2). Wir erhalten für große Zahlen von Atomen und Quanten also eine quasikontinuierliche Verteilungsfunktion mit einem sehr scharfen Maximum bei q_{1m}, q_{2m}.

---

[1]Anstelle von Vielfachheit findet man in der Literatur auch die Begriffe Multiplizität, Entartung, Permutabilität, statistisches Gewicht, Wahrscheinlichkeit, Komplexion usw. Jeder Autor hat seine bestimmte Vorliebe dafür.

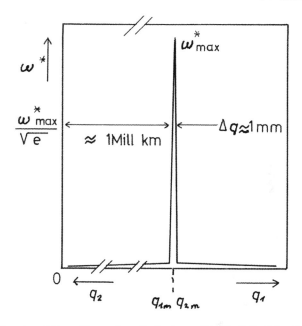

Abb. 2.5 Energieverteilung für zwei große Systeme. Die Gauß-ähnliche Kurve ist bei makroskopischen Körpern im Normalfall außerordentlich schmal

Nun kommen wir zurück zur Temperatur. Was hat diese mit der Verteilung $\omega^*(q_1, q_2)$ in Abb. 2.5 zu tun? Beim Stoß der Atome zwischen den Systemen (1) und (2) ändert sich ja jedesmal ihre Energieverteilung. Dabei durchläuft $\omega^*(q)$ im Lauf der Zeit alle physikalisch erlaubten Möglichkeiten. Am häufigsten wird dabei natürlich die Verteilung ω^*_{max} realisiert. Etwas Ähnliches passiert nun aber auch mit der Temperatur in unserem Experiment der Abb. 2.1. Die Temperatur schwankt im Lauf der Zeit in beiden Körpern (1) und (2) etwas durch die Stöße der Atome an die Trennwand. Im Gleichgewicht für $t \gg t_0$ beobachtet man dann am häufigsten die Temperatur T^*. Man kann daher vermuten, dass es einen Zusammenhang zwischen ω^*_{max} und T^* gibt. Und wie könnte der aussehen?

Um das herauszufinden untersuchen wir die Bedingungen für das Auftreten eines Maximums der Funktion $\omega^*(U_1, U_2)$ in Abb. 2.4c bzw. 2.5. Für ein makroskopisches System haben wir jetzt q durch die innere Energie U ersetzt. Die Bedingungen für ein Maximum von ω^* lauten:

$$\frac{\partial \omega^*(U_i)}{\partial U_i} = 0 \quad \text{und} \quad \frac{\partial^2 \omega^*(U_i)}{\partial U_i^2} < 0. \quad (2.2a,b)$$

Mit $\omega^* = \omega_1 \cdot \omega_2$ haben wir für $U_i = U_1$

$$\frac{\partial \omega^*(U_1)}{\partial U_1} = \frac{\partial \omega_1(U_1)}{\partial U_1} \omega_2(U_2) + \omega_1(U_1) \frac{\partial \omega_2(U_2)}{\partial U_1} = 0 \qquad (2.3)$$

und mit $U^* = U_1 + U_2$ bzw. $\partial U_2 / \partial U_1 = -1$

$$\frac{\partial \omega_2(U_2)}{\partial U_1} = \frac{\partial \omega_2(U_2)}{\partial U_2} \cdot \frac{\partial U_2}{\partial U_1} = -\frac{\partial \omega_2(U_2)}{\partial U_2}. \qquad (2.4)$$

Setzen wir Gl. (2.4) in (2.3) ein, so folgt

$$\frac{\partial \omega_1(U_1)}{\partial U_1} \omega_2(U_2) = \frac{\partial \omega_2(U_2)}{\partial U_2} \omega_1(U_1). \qquad (2.5)$$

Trennung der Variablen liefert

$$\frac{1}{\omega_1(U_1)} \frac{\partial \omega_1(U_1)}{\partial U_1} = \frac{1}{\omega_2(U_2)} \frac{\partial \omega_2(U_2)}{\partial U_2}, \qquad (2.6)$$

woraus durch Integration folgt

$$\frac{\partial \ln(\omega_1(U_1))}{\partial U_1} = \frac{\partial \ln(\omega_2(U_2))}{\partial U_2}. \qquad (2.7)$$

Und das ist die Bedingung für ein Extremum der Funktion $\omega^*(U_1)$ bzw. auch für $\omega^*(U_2)$. Ob es ein Maximum oder ein Minimum ist, das können wir erst entscheiden, wenn wir $\omega^*(U_i)$ explizit kennen.

Nun kommen wir zur Temperatur zurück: Im Gleichgewicht soll ja $T_1 = T_2 = T^*$ sein und ebenso nach Gl. (2.7) $\partial(\ln\omega_1)/\partial U_1 = \partial(\ln\omega_2)/\partial U_2$. Daher kann man vermuten, dass T irgendeine Funktion von $\partial(\ln\omega)/\partial U$ ist. Wir wollen die einfachste Funktion suchen, die dafür in Frage kommen könnte. Dazu benutzen wir drei Tatsachen aus der Erfahrung:

- Die Temperatur steigt im Allgemeinen mit der Energie an und ω ist dimensionslos. Die Maßeinheit von T sollte also in erster Näherung proportional zu U sein, das heißt zum Beispiel

$$T \sim C_1 (\partial \ln\omega / \partial U)^{-1} + C_2 \qquad (2.8)$$

mit zwei Konstanten C_1 und C_2.
- Die Temperatur nähert sich dem absoluten Nullpunkt, wenn man dem System alle Energie entzieht, $T \to 0$ für $U \to 0$. Daher muss C_2 den Wert Null haben, wenn sich die beiden Terme in Gl. (2.8) bei $T = 0$ nicht zufällig kompensieren.

- Die Temperatur hat vereinbarungsgemäß die Einheit Kelvin (K). Der Proportionalitätsfaktor C_1 in Gl. (2.8) muss daher die Einheit K/J haben, weil diejenige von $(\partial \ln\omega/\partial U)^{-1}$ J ist. Und K/J ist die Einheit des Reziproken der Bolzmann-Konstante k in Gl. (1.1) und (1.2).

Nach diesen Überlegungen würde der einfachste Zusammenhang zwischen T und $\partial \ln\omega/\partial U$ folgendermaßen lauten:

$$T = \frac{1}{k}\left(\frac{\partial \ln\omega}{\partial U}\right)^{-1}. \tag{2.9}$$

Diese Beziehung nennen wir die **statistische Temperaturdefinition.** Ob die Gleichung stimmt, können wir erst feststellen, sobald wir die Funktion $\omega(U)$ für irgendeinen Stoff kennen. Ihre Berechnung geschieht in den Kap. 4 bis 7, und zwar aus den Eigenschaften der Atome, ihrer Masse, ihrem elektrischen oder magnetischen Moment usw. Wenn wir $\omega(U)$ kennen, und wenn die Gl. (2.9) stimmt, dann haben wir unser Ziel erreicht: Wir wissen dann, wie die Temperatur von den Eigenschaften der Atome und von ihrem Zusammenwirken abhängt.

Die Berechnung der *Zustandsfunktion* $\omega(U)$ ist mit den einfachen Hilfsmitteln, über die wir hier verfügen, nur für einige vereinfachte Modellsubstanzen möglich, ein ideales Gas, einen idealen Magneten und einen idealen Kristall. Wir behandeln diese Modellsubstanzen jetzt in den folgenden Kapiteln. Wie es weiter geht, wenn man die Idealisierungen der Modelle abschwächt, das findet man in den Lehrbüchern der Thermodynamik [2, 3].

Energiezustände eines Gasatoms

3

Um die statistische Temperaturdefinition Gl. (2.9) zu prüfen, müssen wir die Funktion $\omega(U)$ kennen. Man kann sie aus den Eigenschaften der Atome berechnen, was wir in den nächsten drei Kapiteln tun werden. Zunächst müssen wir jedoch die möglichen Energiezustände eines mikroskopischen Teilchens kennen lernen. Dazu betrachten wir die Atome eines idealen Gases in einem abgeschlossenen Behälter. Die grundlegenden Eigenschaften solcher Gase werden im Kap. 10 besprochen. Wir machen jetzt zunächst einen kurzen Ausflug in die Quantenphysik.

Wie schon erwähnt, folgt aus der Quantentheorie, dass jedes atomare Objekt und auch jeder makroskopische Körper Energie nur in bestimmten Portionen, sogenannten Quanten aufnehmen oder abgeben kann. Denken wir zum Beispiel an das aus der Schule bekannte Bohrsche Atommodell. Bevor wir die Zahl ω der Mikrozustände eines Gases berechnen können, müssen wir wissen, welche Energiezustände ein Gasatom überhaupt annehmen kann. Das heißt, welche Energiequanten es aufnehmen oder abgeben kann. Das hängt von der Art der Atome ab und von der Art des Körpers, in dem sie sich befinden.

Wir erinnern uns zunächst an das Grundphänomen der Quantenphysik, den **Welle-Teilchen-Dualismus.** Die Erfahrung zeigt, dass jedes materielle Teilchen auch Welleneigenschaften besitzt, die sogenannten **Materiewellen.** Der Zusammenhang zwischen Wellen- und Teilcheneigenschaften ist in Abb. 3.1 beschrieben. Er wurde 1924 von Louis de Broglie (1892–1987) in Analogie zum Licht vorausgesagt und drei Jahre später an Elektronen experimentell nachgewiesen. Einerseits konnten Elektronen wie Lichtwellen interferieren, andererseits waren sie vom Fotoeffekt und vom Compton-Effekt her als Teilchen bekannt.

© Springer Fachmedien Wiesbaden GmbH, ein Teil von Springer Nature 2020
K. Stierstadt, *Temperatur und Wärme – was ist das wirklich?*, essentials,
https://doi.org/10.1007/978-3-658-28645-3_3

Teilchenbild

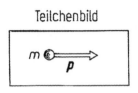

ist äquivalent zum Wellenbild

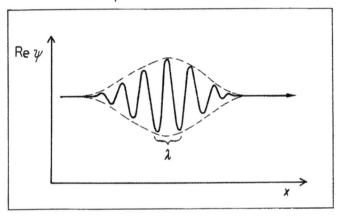

Abb. 3.1 Zum Welle-Teilchen-Dualismus eines Quantenobjekts mit der Masse m und dem Impuls p, das sich in x-Richtung bewegt. Die Wellenlänge λ ist der Mittelwert in der hier dargestellten Wellengruppe mit der Wellenfunktion ψ

Die Beziehung zwischen Wellen- und Teilcheneigenschaften lautet nach de Broglie

$$\lambda = \frac{h}{p}. \tag{3.1}$$

Mit der Materiewellenlänge λ und dem Impuls $p = mv$ des Teilchens sowie mit der Planck-Konstante $h = 6{,}626\ldots \cdot 10^{-34}$ Js. Die anschauliche Bedeutung der Materiewellenlänge wurde 1926 von Max Born (1882–1970) erkannt. Er fand, dass eine **Wellenfunktion** $\psi(\lambda)$ die Wahrscheinlichkeit $\mathcal{P}$ dafür beschreibt, das Teilchen in einem Volumen ΔV zu finden:

$$\mathcal{P}(\Delta V) = \int_{\Delta V} |\psi|^2 \mathrm{d}V. \tag{3.2}$$

Der Wert der im Allgemeinen komplexen Wellenfunktion hängt von Ort ab (Abb. 3.1). Damit wissen wir schon alles, was wir hier aus der Quantenphysik brauchen, um die Energiezustände eines Gases berechnen zu können. Wir fangen mit einem sehr einfachen Gas an, das nur aus einem Atom mit der Masse m besteht. Es bewegt sich in einem eindimensionalen Behälter zwischen zwei festen Wänden im Abstand L mit dem Impuls $\pm p$ hin und her, in einem sogenannten **Potenzialtopf** (Abb. 3.2a). Die einfachsten wellenartigen Funktionen, die ins Innere des Behälters passen, sind Sinuswellen und haben den Realteil

$$\psi = A \sin\left(\frac{2\pi}{\lambda}x\right) \tag{3.3}$$

mit der Amplitude A und der Wellenlänge λ. Weil das Atom im Inneren des Behälters bleiben soll, muss $|\psi|^2$ nach Gl. (3.2) außerhalb des Behälters verschwinden und ebenso am Ort der Wände bei $x = 0$ und $x = L$. Denn wäre $|\psi|^2$ an einer Wand von Null verschieden, so würde die Funktion dort einen Sprung haben. Und das ist nicht erlaubt, weil eine Wahrscheinlichkeit an einem Ort nur einen bestimmten Wert besitzen kann. Daher erhält man aus Gl. (3.3) die Randbedingungen für $\psi = 0$, nämlich

$$\lambda_n = \frac{2L}{n} \tag{3.4}$$

mit den **Quantenzahlen** $n = 1$, 2, 3 usw. Die erlaubten Wellenlängen λ_n müssen somit ein ganzzahliger Bruchteil der doppelten Behälterlänge sein. Das ist in Abb. 3.2b skizziert. Der Realteil der Wellenfunktion lautet dann

$$\psi_n = A \sin\left(\frac{\pi n}{L}x\right). \tag{3.5}$$

Die Amplitude A der Welle erhält man, indem man dieses ψ in Gl. (3.2) einsetzt und von 0 bis L integriert. Dann muss die Summe der Wahrscheinlichkeiten gleich 1 werden, weil das Atom sich ja irgendwo im Behälter befinden soll. Es ergibt sich $A = \sqrt{2/L}$. Nun sind wir in der Lage, die Energiezustände unseres einatomigen und eindimensionalen „Gases" zu berechnen. Nach de Broglies Formel Gl. (3.1) erhalten wir für die erlaubten Impulse des Atoms

$$p_n = \frac{h}{\lambda_n} = \frac{hn}{2L}. \tag{3.6}$$

Abb. 3.2 **a** Klassisches
Bild eines bewegten
Teilchens in einem
eindimensionalen Behälter,
b die Wellenfunktionen
eines solchen Teilchens

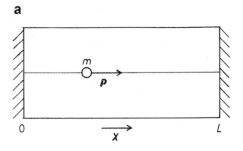

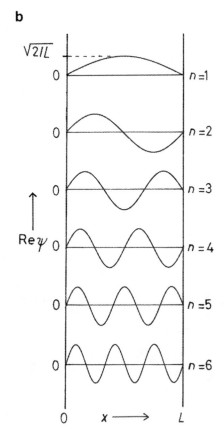

Hier sehen wir die quantisierte Natur des Impulses, weil nur die ganzen Zahlen n erlaubt sind. Die zugehörigen Werte der kinetischen Energie ergeben sich für ein nicht-relativistisches Atom ($v < c$) zu

$$\varepsilon_n = \frac{p_n^2}{2m} = \frac{h^2 n^2}{8mL^2} \tag{3.7}$$

mit $n = 1$, 2, 3 usw. Diese Energien nennt man die **Eigenwerte** des Systems. Es ist üblich, sie in einem $\varepsilon(\omega)$-Diagramm als horizontale Striche darzustellen. Weil wir in unserem Modellgas aber nur ein Atom haben, gibt es auch nur eine Möglichkeit, die Energie zu verteilen, nämlich auf das Atom selbst. Das heißt ω ist identisch gleich 1 und es gibt für jede Energie ε nur einen Strich. Die Abb. 3.3 zeigt ein solches **Energieniveauschema**. Das Atom als Quantenobjekt kann nur die hier gezeigten Vielfachen der Größe $\varepsilon = h^2/(8mL^2)$ als erlaubte Energiezustände annehmen. Das steht im Gegensatz zum klassischen Bild, wo ein solches Atom jede beliebige Geschwindigkeit ($v < c$) und damit jede beliebige entsprechende Energie besitzen könnte.

Als Nächstes betrachten wir ein etwas realistischeres „Gas", ein einzelnes Atom in einem jetzt dreidimensionalen Behälter („particle in a box"). Zur Vereinfachung nehmen wir dafür einen Quader mit den Kantenlängen L_x, L_y und L_z. Auch hier muss die Wellenfunktion $\psi(x, y, z)$ an allen Wänden Knoten besitzen bzw. verschwinden, damit das Teilchen in den Behälter „passt". Das liefert uns die Randbedingungen

$$\lambda_x = \frac{2L_x}{n_x}, \quad \lambda_y = \frac{2L_y}{n_y}, \quad \lambda_z = \frac{2L_z}{n_z} \tag{3.8}$$

mit n_x, n_y, $n_z = 1$, 2, 3 usw. Dazu gehören nach Gl. (3.6) die Impulskomponenten

$$p_x = \frac{hn_x}{2L_x}, \quad p_y = \frac{hn_y}{2L_y}, \quad p_z = \frac{hn_z}{2L_z}. \tag{3.9}$$

Der Betrag des Gesamtimpulses ist dann

$$p(n_x, n_y, n_z) = \sqrt{p_x^2 + p_y^2 + p_z^2} = \frac{h}{2}\sqrt{\left(\frac{n_x}{L_x}\right)^2 + \left(\frac{n_y}{L_y}\right)^2 + \left(\frac{n_z}{L_z}\right)^2}. \tag{3.10}$$

Und die zugehörige kinetische Energie ist

$$\varepsilon(n_x, n_y, n_z) = \frac{p^2}{2m} = \frac{h^2}{8m}\left[\left(\frac{n_x}{L_x}\right)^2 + \left(\frac{n_y}{L_y}\right)^2 + \left(\frac{n_z}{L_z}\right)^2\right]. \tag{3.11}$$

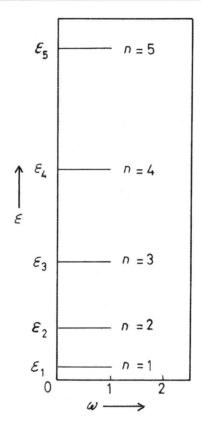

Abb. 3.3 Energieniveauschema eines Gasatoms in einem eindimensionalen Behälter

Nun betrachten wir zur Vereinfachung einen würfelförmigen Behälter mit den Kantenlängen $L_x = L_y = L_z = L$. Dann wird aus Gl. (3.11)

$$\varepsilon\left(n_x, n_{y,n_z}\right) = \frac{h^2}{8mL^2} \sum_{i=x,y,z} n_i^2 = \frac{h^2}{8mV^{2/3}} \sum_{i=x,y,z} n_i^2 \qquad (3.12)$$

mit $i = x, y, z$. Die erlaubten Energien entsprechen jetzt allen ganzen Zahlen, welche die Summe der n_i^2 annimmt, wenn n_x, n_y und n_z unabhängig voneinander die natürlichen Zahlen 1, 2, 3 usw. durchlaufen.

Das Ergebnis zeigt die Tab. 3.1. Hier ist der Anfang aller möglichen Kombinationen der Quantenzahlen n_i sowie der zugehörigen Größe $\sum n_i^2$ eingetragen.

Tab. 3.1 Energiezustände eines Teilchens in einem würfelförmigen Behälter

n_x	n_y	n_z	$\sum n_i^2$	ω'	n_x	n_y	n_z	$\sum n_i^2$	ω'	n_x	n_y	n_z	$\sum n_i^2$	ω'
1	1	1	3	1	4	4	1	33	3	6	3	3	54	3
2	1	1			4	4	2	36	3	6	4	1	53	6
1	2	1	6	3										
1	1	2			4	4	3	41	3	6	4	2	56	6
2	2	1			4	4	4	48	1	6	4	3	61	6
2	1	2	9	3										
1	2	2			5	1	1	27	3	6	4	4	68	3
3	1	1			5	2	1	30	6	6	5	1	62	6
1	3	1	11	3										
1	1	3			5	2	2	33	3	6	5	2	65	6
2	2	2	12	1	5	3	1	35	6	6	5	3	70	6
3	2	1			5	3	2	38	6	6	5	4	77	6
3	1	2												
2	3	1	14	6	5	3	3	43	3	6	5	5	86	3
2	1	3												
1	2	3			5	4	1	42	6	6	6	1	73	3
1	3	2												
3	2	2			5	4	2	45	6	6	6	2	76	3
2	3	2	17	3										
2	2	3			5	4	3	50	6	6	6	3	81	3
3	3	1			5	4	4	57	3	6	6	4	88	3
3	1	3	19	3										
1	3	3			5	5	1	51	3	6	6	5	97	3
3	3	2			5	5	2	54	3	6	6	6	108	1
3	2	3	22	3										
2	3	3			5	5	3	59	3	7	1	1	51	3
3	3	3	27	1	5	5	4	66	3	7	2	1	54	6
4	1	1	18	3	5	5	5	75	1	7	2	2	57	3
4	2	1	21	6	6	1	1	38	3	7	3	1	59	6
4	2	2	24	3	6	2	1	41	6	7	3	2	62	6
					6	2	2	44	3	7	3	3	67	3
4	3	1	26	6	6	3	1	46	6	...	...	...	...	...
4	3	2	29	6	6	3	2	49	6	...	...	...	...	...
4	3	3	32	3						...	...	...	...	...

Jede solche Kombination entspricht einer bestimmten Aufteilung der kinetischen Energie des Atoms auf seine Bewegungen in den drei Raumrichtungen, das heißt, einem **Mikrozustand**. Die Zahlen ω' in der Tabelle bezeichnen die Kombinationsmöglichkeiten für je drei Quantenzahlen zu jeder $\sum n_i^2$. Man kann feststellen, dass mit wachsender Größe diese Summe immer häufiger denselben Wert für verschiedene Zahlentripel annimmt (in der Tabelle unterstrichen). Das erste Mal ist das für (3,3,3) und (5,1,1) der Fall; beides ergibt die Quadratsumme 27. Die Vielfachheit ω für eine bestimmte Summe erhält man durch Addition aller zu dieser Summe gehörenden ω'-Werte. Und alle, zu einer bestimmten Energie bzw. $\sum n_i^2$ gehörenden Kombinationen, bilden zusammen einen **Makrozustand**. Für die Berechnung der $\omega(\varepsilon) = \sum \omega'(\varepsilon)$ gibt es keine geschlossene Formel. Man kann die Rechnung für kleine n_i jedoch auf einem Taschenrechner programmieren. Das Ergebnis ist das Energieniveauschema in Abb. 3.4. Hier steigt der gemittelte Verlauf $\varepsilon(\omega)$ etwa proportional zu ω^2 an (die gestrichelte Kurve). Wenn wir die oben gemachte Einschränkung auf einen würfelförmigen Behälter aufgeben, ändert sich nichts an der Darstellung. Ein beliebig geformter Behälter lässt sich nämlich in kleine Würfel zerlegen, deren Größe man dann gegen Null extrapoliert. Den Beweis dafür findet man in den Lehrbüchern der Mathematik.

Um eine Vorstellung von der Energiequantisierung des einatomigen „Gases" zu erhalten, betrachten wir einige Zahlenwerte für die Größen n_i und λ des Atoms. Wir vergleichen die Messwerte für ein Argonatom bei Normaltemperatur (s. Kap. 10) mit dem Ausdruck Gl. (3.12) für seine Energie. Die Masse ist $m = 6{,}63 \cdot 10^{-26}$ kg mit der mittleren kinetischen Energie $\langle \varepsilon \rangle = 3kT/2 = 5{,}66 \cdot 10^{-21}$ J. Damit liefert uns Gl. (3.12) in einem Würfel von $L = 10$ cm Kantenlänge den Wert $\sum n_i^2 = 6{,}83 \cdot 10^{19}$ und $\langle n \rangle = 4{,}77 \cdot 10^9$. Für die Materiewellenlänge ergibt sich dann $\lambda_n = 2L/\langle n \rangle = 4{,}19 \cdot 10^{-11}$ m. Die Wellenlänge entspricht also etwa einem Zehntel Atomdurchmesser ($2R_a = 3{,}80 \cdot 10^{-10}$ m). Ein makroskopischer Betrachter merkt dann bei Raumtemperatur praktisch nichts von den Welleneigenschaften des Atoms. Erst bei sehr tiefer Temperatur oder bei sehr kleinen Behältern wird die Wellennatur spürbar.

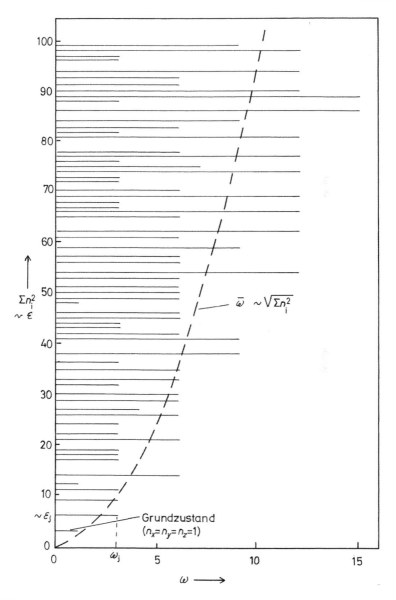

Abb. 3.4 Energieniveauschema eines Gasatoms in einem dreidimensionalen Behälter. Die gestrichelte Kurve ist eine graphische Näherung über die Werte der diskreten Funktion $\omega(\sum n_i^2)$

Berechnung der Zustandszahl Ω eines idealen Gases

Die Energiezustände eines Atoms hängen, wie gesagt, von seiner Art und von seiner Umgebung ab. In einem Festkörper ist diese Abhängigkeit anders als in einem Gas (s. Gl. 3.12), in einer Flüssigkeit oder in einem Magneten. Ursache für diese Verschiedenheit ist die potenzielle Energie der Atome in den verschiedenen Aggregatzuständen. Wir besprechen in diesem Kapitel das ideale Gas. Zwar ist die Berechnung der Zustandszahl hier etwas mühsamer als in einem idealisierten Festkörper oder Magneten. Dafür sind uns aber die Zustandsgleichungen und somit die zu erwartenden Ergebnisse beim idealen Gas gut bekannt (vgl. Kap. 10). Nachdem wir die Energiezustände eines einzelnen Atoms aus dem vorigen Kapitel kennen, stehen wir vor der Aufgabe, die Zahl derselben nun für ein wirkliches Gas zu finden, das aus etwa $3 \cdot 10^{22}$ Atomen in einem Liter besteht. Diese Zahl ist eine Funktion der Masse der Atome, ihrer kinetischen Energie und des Volumens des Behälters.

Wir beginnen zunächst wieder mit einem einzigen Atom in einem dreidimensionalen Behälter. Seine Energie beträgt nach Gl. (3.12)

$$\varepsilon\left(n_x, n_y, n_z\right) = \frac{h^2}{8mV^{2/3}} \sum_{i=x,y,z} n_i^2 \tag{4.1}$$

mit den Quantenzahlen n_x, n_y, $n_z = 1$, 2, 3 usw. Das Ergebnis war das Energieniveauschema in Abb. 3.4. Für diese Darstellung gibt es keine geschlossene Formel. James C. Maxwell (1831–1879) hat jedoch ein graphisches Verfahren gefunden, um die $\sum n_i^2$ in Gl. (4.1) für große n_i näherungsweise zu berechnen. Das ist in Abb. 4.1 dargestellt. Die Quantenzahlen n_i sind in einem dreidimensionalen Koordinatensystem aufgetragen. Auf der Oberfläche einer Kugel vom Radius R liegen dann die Zustände mit

© Springer Fachmedien Wiesbaden GmbH, ein Teil von Springer Nature 2020
K. Stierstadt, *Temperatur und Wärme – was ist das wirklich?*, essentials,
https://doi.org/10.1007/978-3-658-28645-3_4

Abb. 4.1 Zur Berechnung
der Zustandszahl eines
Teilchens in einem
dreidimensionalen Behälter

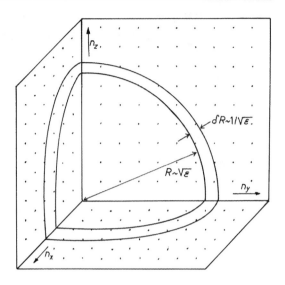

$$R = \sqrt{\sum n_i^2} = \sqrt{n_x^2 + n_y^2 + n_z^2}. \qquad (4.2)$$

Setzen wir hier $\sum n_i^2$ aus Gl. (4.1) ein, so folgt

$$R = \sqrt{\frac{8mV^{2/3}}{h^2}\varepsilon}. \qquad (4.3)$$

Nun ist die Zahl der Zustände auf der Kugeloberfläche eine diskontinuierliche
Funktion von R. Wir brauchen aber eine kontinuierliche Beziehung $\omega(R)$ bzw.
$\omega(\varepsilon)$ die wir später logarithmieren und differenzieren können, um die statistische Temperaturdefinition Gl. (2.9) zu prüfen. Hier hilft ein Trick weiter: Man
betrachtet anstelle der Kugeloberfläche eine Kugelschale der kleinen Dicke
δR (s. Abb. 4.1). Wenn die Schale wenigstens so dick ist, dass in ihr genügend
viele Zustände liegen, dann erhält man für ihre Zahl eine geglättete Funktion, die
kontinuierlich mit R anwächst. Eine solche Kugelschale heißt **Energieschale** und
die Zahl der Zustände in ihr wird mit Ω bezeichnet. Die **Zustandsfunktion** ist
dann $\Omega(R)$ bzw. $\Omega(\varepsilon)$.

Nun ist es nur noch ein kleiner Schritt bis zu ihrer Formulierung. Das Volumen der Kugelschale ist für $\delta R \ll R$

$$\delta V_{\text{sch}} = 4\pi R^2 \delta R. \tag{4.4}$$

Hier ersetzen wir R nach Gl. (4.3), schreiben $\delta R = (\partial R/\partial \varepsilon)\delta\varepsilon$ und erhalten

$$\delta R = \frac{\sqrt{2m V^{2/3}}}{h} \frac{\delta\varepsilon}{\sqrt{\varepsilon}}. \tag{4.5}$$

Das liefert uns

$$\delta V_{\text{sch}} = 2\pi \left(\frac{8m}{h^2}\right)^{3/2} V\sqrt{\varepsilon}\,\delta\varepsilon, \tag{4.6}$$

aber wir müssen es noch durch 8 dividieren. Denn nur Zustände im ersten Oktanten der Kugelschale dürfen gezählt werden, weil die n_i nur positive ganze Zahlen sind. Dieses Volumen ist gleich der Anzahl der Einheitszellen in einem Achtel der Kugelschale und somit auch gleich der Anzahl der Energiezustände zwischen R und $R + \delta R$ bzw. ε und $\varepsilon + \delta\varepsilon$:

$$\boxed{\Omega_1 = 4\sqrt{2\pi}\left(\frac{m}{h^2}\right)^{3/2} V\sqrt{\varepsilon}\,\delta\varepsilon} \tag{4.7}$$

(Index 1 bei Ω für 1 Atom). Eigentlich müsste man hier $\delta\Omega$ schreiben, aber es hat sich ohne δ eingebürgert. Nun können wir im Prinzip diese Funktion logarithmieren und differenzieren, um die statistische Temperaturdefinition Gl. (2.9) zu prüfen. Aber ein einzelnes Atom hat ja, wie schon erwähnt, gar keine Temperatur im üblichen Sinne. Sie entsteht erst beim Zusammenwirken sehr vieler Atome.

Wir müssen also jetzt in unserem Gas „nur noch" von einem Atom zu sehr vielen übergehen. Anstelle der drei Quantenzahlen n_x, n_y und n_z für ein Atom müssen wir $3N$ solcher Zahlen für $N \approx 3 \cdot 10^{22}$ Atome in Gl. (4.1) bzw. (4.2) einsetzen. Wir müssen also anstelle der dreidimensionalen Kugelschale in Abb. 4.1 eine $3N$-dimensionale Schale betrachten. Leider lässt sich das nicht mehr zeichnen, aber es lässt sich rechnen. In einer mathematischen Formelsammlung findet man für das Volumen einer solchen Schale

$$\delta V_{\text{sch}} = \frac{\pi^{3N/2} 3N R^{3N-1}}{\frac{3N}{2}!}\delta R. \tag{4.8}$$

Für große Zahlen N gibt es eine Näherungsformel von James Stirling (1692–1770) für die Fakultät, nämlich

$$x! = \sqrt{2\pi x}\left(\frac{x}{e}\right)^x. \tag{4.9}$$

Dabei ist $e = 2{,}718\ldots$ die Basis der natürlichen Logarithmen, und die Näherung weicht schon für $N = 100$ nur noch um $0{,}08\,\%$ vom wahren Wert ab. Benutzen wir Gl. (4.9) in (4.8) so erhalten wir

$$\delta V_{\text{sch}} = \frac{\pi^{3N/2} 3NR^{3N-1}}{\sqrt{3\pi N}(3N/2e)^{3N/2}}\delta R. \tag{4.10}$$

Nun müssen wir, wie vorher für ein Atom, wieder R und δR durch ε und $\delta\varepsilon$ ersetzen. Für ein ideales Gas aus N Atomen beträgt die innere Energie $U = N\varepsilon$ (s. Kap. 10). Mit ε aus Gl. (4.1) ist das

$$U = \frac{h^2}{8mV^{2/3}} \sum_{i=1}^{3N} n_i^2. \tag{4.11}$$

Und für den Radius $R = (\sum n_i^2)^{1/2}$ der $3N$-dimensionalen Kugel gilt dann

$$R = \sqrt{\frac{8mV^{2/3}}{h^2}U} \tag{4.12}$$

sowie

$$\delta R = \frac{\partial R}{\partial U}\delta U = \sqrt{\frac{8mV^{2/3}}{h^2}}\frac{\delta U}{2\sqrt{U}}. \tag{4.13}$$

Um nur positive n_i zu zählen, müssen wir das Volumen Gl. (4.10) noch durch 2^{3N} dividieren. Setzt man dies sowie R und δR in Gl. (4.10) ein, so folgt

$$\Omega_N = \sqrt{\frac{3N}{4\pi}}\left(\frac{4\pi em}{3Nh^2}\right)^{3N/2}V^N U^{(3N/2)-1}\delta U. \tag{4.14}$$

Das ist die Zustandsfunktion für N Atome eines idealen Gases mit der Energie U im Volumen V. Sie sieht zwar etwas kompliziert aus, ist es jedoch nicht, wie wir gleich sehen werden. Aber Ω ist eine sehr, sehr große Zahl: Für einen Liter Argongas bei Normalbedingungen ($T = 0\,^\circ$C, $P = 1{,}01325$ bar) und für $\delta U = 10^{-5}U$ (Messgenauigkeit) ergibt sich $\Omega \approx (10^{10})^{24}$. Diese Zahl wäre ausgeschrieben 360.000 Lichtjahre lang, dreimal der Durchmesser unserer Galaxie! Die Gasatome haben also sehr viel mehr als genügend Zustände zur Verfügung, auf die sich ihre Energie verteilen kann. Nimmt man an, dass jedes der $3 \cdot 10^{22}$

Atome in einem Liter Argon alle 10^{-10} s mit einem anderen zusammenstößt und dabei jedes Mal seine Energie ändert. Dann hätte das Gas in den $1,5 \cdot 10^{10}$ Jahren seit der Entstehung des Weltalls etwa 10^{50} Zustände durchlaufen. Und das ist nur ein verschwindend geringer Teil der $(10^{10})^{24}$ Zustände die es gibt. Die Wahrscheinlichkeit dafür, das Gas in einem ganz bestimmten Zustand zu finden ist daher auch unwahrscheinlich klein, nämlich $1/\Omega = (10^{-10})^{24}$. Es kommt also praktisch nie vor, dass sich alle Moleküle der Luft eines Zimmers in einer seiner Ecken aufhalten. Auch gibt es keine Levitation eines Gurus, weil sich die unter ihm befindlichen Atome des Bodens zufällig alle zugleich nach oben bewegen würden.

Wir wollen noch abschätzen, wie gut die Glättung der diskreten Funktion $\omega(\varepsilon)$ in Abb. 3.4 für unser Beispiel, 1 Liter Argon bei Normalbedingungen, ist. Der Abstand der einzelnen Zustände beträgt in diesem Fall etwa 10^{-40} J. Die Messgenauigkeit in einem modernen Gaskalorimeter ist etwa 10^{-5} J. In diesem Bereich liegen also etwa 10^{35} Zustände. Man spürt daher makroskopisch nichts von der Diskretheit der $\Omega(U)$-Funktion Gl. (4.14). Anders wird es erst in ganz kleinen Volumina oder bei ganz tiefen Temperaturen.

Die statistische Temperaturdefinition beim idealen Gas

5

Jetzt sind wir endlich in der Lage, die Definition der Temperatur in Gl. (2.9) für ein ideales Gas zu prüfen. Stimmt es wirklich, das $T = (\partial \ln\Omega/\partial U)^{-1}/k$ ist? Um das zu testen, logarithmieren wir zunächst den Ausdruck Gl. (4.14) für die Zustandsfunktion:

$$\ln\Omega = \frac{1}{2}\ln\frac{3N}{4\pi} + \frac{3N}{2}\ln\frac{4\pi em}{3Nh^2} + N\ln V + \left(\frac{3N}{2} - 1\right)\ln U + \ln\delta U \qquad (5.1)$$

Für $N \gg 1$ können wir alle Glieder ohne den Faktor N vor ln weglassen. Dann bleibt

$$\ln\Omega = \frac{3}{2}N\ln\frac{4\pi em}{3Nh^2} + N\ln V + \frac{3N}{2}\ln U \qquad (5.2)$$

übrig. Das differenzieren wir nach der inneren Energie und erhalten

$$\frac{\partial\ln\Omega}{\partial U} = \frac{3N}{2U}. \qquad (5.3)$$

Nun soll gelten

$$\boxed{T = \frac{1}{k}\left(\frac{\partial\ln\Omega}{\partial U}\right)^{-1} = \frac{2U}{3kN} \quad \text{bzw.} \quad U = \frac{3}{2}NkT.} \qquad (5.4)$$

Und das ist nichts anderes als die **kalorische Zustandsgleichung** des idealen Gases, die aus der Erfahrung und aus seinem Modell bekannt ist (s. Kap. 10). Insbesondere weiß man, dass die Wärmekapazität bei konstantem Volumen, $C_V = (\partial U/\partial T)_V$ gleich $3Nk/2$ und für ideale Gase also temperaturunabhängig ist. Damit ist die statistische Definition der Temperatur für ideale Gase bewiesen.

© Springer Fachmedien Wiesbaden GmbH, ein Teil von Springer Nature 2020
K. Stierstadt, *Temperatur und Wärme – was ist das wirklich?*, essentials,
https://doi.org/10.1007/978-3-658-28645-3_5

Wir merken uns jedoch für später, dass wir bei der Herleitung mehrfach die Bedingung $N \gg 1$ verwendet haben, den sogenannten **thermodynamischen Limes**. Für kleine Objekte mit weniger als einigen tausend Atomen gelten diese Aussagen also nicht mehr. Damit ist auch gezeigt, dass die Temperatur nach der Definition Gl. (2.9) nur eine Eigenschaft sehr vieler Atome ist und einem einzelnen Atom nicht zukommt. Ein solches hat keine Temperatur, sondern nur eine kinetische Energie. Mit der Gl. (5.4) haben wir die bisher nur aus der Erfahrung bekannte Beziehung $U(T)$ nun aus den Grundgesetzen der Physik hergeleitet, aus der Grundannahme der statistischen Mechanik und aus den Regeln der Quantenmechanik.

Wir besitzen jetzt zwei Beziehungen für die innere Energie eines idealen Gases, die mikroskopische Gl. (4.11) und die makroskopische Gl. (5.4). Setzen wir beide gleich, so bekommen wir auch einen mikroskopischen Ausdruck für die Temperatur, nämlich

$$T = \frac{h^2}{12mV^{2/3}Nk} \sum_{i=1}^{3N} n_i^2. \tag{5.5}$$

Kennt man die $\sum n_i^2$ aus einem anderen Zusammenhang, so lässt sich die Temperatur daraus berechnen. Andererseits kann man aus T einen Mittelwert für die Quantenzahlen n_i erhalten: Für einen Liter Argon bei Normalbedingungen ergibt sich so $\langle n_i \rangle = 4{,}77 \cdot 10^9$ und das ist die Zahl der Halbwellen in einem Behälter wie in Abb. 3.2. Die Materiewellenlänge ist dann $\lambda = 2L/\langle n_i \rangle = 4{,}19 \cdot 10^{-11}$ m, etwa ein Zehntel Atomdurchmesser.

Die statistische Temperaturdefinition Gl. (2.9) verschafft uns nun *ein ganz neues Temperaturgefühl*, nämlich das in Abb. 5.1 dargestellte. Trägt man $\ln\Omega$ gegen U auf, so erhält man eine sanft ansteigende Kurve. Ihre Steigung nimmt mit wachsender Energie monoton ab, die Temperatur nimmt im gleichen Sinne aber monoton zu, wie es der Erfahrung entspricht. Bei tiefen Temperaturen wächst daher $\ln \Omega$ mit U schneller als bei hohen. Das wollen wir uns merken, denn im Kap. 9 werden wir sehen, dass $\ln \Omega$ proportional zur Entropie ist, und deren Temperaturabhängigkeit ist maßgebend für viele der thermodynamischen Prozesse.

Wir können uns nun fragen, was unser körpereigenes Thermometer, die Thermorezeptoren in der Haut, denn nun eigentlich misst? Sind es die auf die Rezeptoren treffenden Impulse der Atome, oder ist es der Logarithmus der Zustandszahl Ω? Man muss wohl annehmen, dass es die Impulse der Atome sind, die unsere Nervenzellen zum Feuern anregen. Der genaue biophysikalische Mechanismus dafür ist aber bis heute nicht bekannt. Selbst die größten Computer und auch unser Gehirn

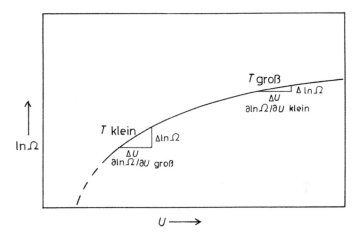

Abb. 5.1 Zur statistischen Temperaturdefinition Gl. (2.9). Die Zustandsfunktion in Abhängigkeit von der inneren Energie eines idealen Gases

wären sicher nicht in der Lage, die Zahl Ω für viele Atome in Sekundenbruchteilen zu berechnen. Wir brauchen Ω also nur dazu, um zu wissen, wie die Temperatur mikroskopisch zu verstehen ist, aber nicht um sie zu messen.

Temperatur und Wärmekapazität eines Magneten

In den letzten beiden Kapiteln haben wir die Temperatur eines idealen Gases auf die Eigenschaften seiner Atome zurückgeführt. Die Welt besteht aber nicht nur aus idealen Gasen, obwohl das im Kosmos weitgehend der Fall ist. Daher wollen wir nun das beim Gas benutzte Verfahren auf zwei andere Modellsysteme anwenden, die sich relativ leicht theoretisch behandeln lassen, einen idealen Magneten und einen idealen Kristall. Das Verfahren besteht darin, zunächst die Zustandsfunktion $\Omega(U)$ aus der Energie der Bestandteile dieser Stoffe zu gewinnen. Anschließend bilden wir dann die Beziehung Gl. (2.9), $T = (\partial \ln\Omega/\partial U)^{-1}/k$ und prüfen, ob das mit der Erfahrung für die Temperatur übereinstimmt. Diese Prüfung geschieht wie beim idealen Gas durch die Temperaturabhängigkeit der Wärmekapazität $C(T) = \partial U/\partial T$. Der so gewonnene Ausdruck für die Temperatur als Funktion der Atomeigenschaften liefert uns wieder ein ganz neues Temperaturgefühl. Wir werden nämlich sehen, dass die Temperatur im Allgemeinen nicht proportional zur kinetischen Energie der Atome ist, wie beim idealen Gas. Vielmehr hängt sie bei anderen Stoffen auch von der potenziellen Energie der Atome ab, beim Magneten im magnetischen Feld, beim Kristall im elektrischen.

Zunächst zum Magneten: Um leicht etwas berechnen zu können, betrachten wir in Abb. 6.1 ein einfaches Modell eines Paramagneten. Das ist ein Körper, der im Gegensatz zu Eisen, Nickel usw. keine permanente Magnetisierung besitzt, sondern erst in einem magnetischen Feld „magnetisch" wird, das heißt, eine induzierte Magnetisierung bekommt. Die meisten Atome haben als intrinsische Eigenschaft ein magnetisches Moment μ. Es wirkt näherungsweise wie eine kleine Kompassnadel, die sich in einem Magnetfeld B entlang der Feldrichtung orientiert. Die potenzielle Energie des Moments ist dann

$$\varepsilon = -\mu \bullet B. \tag{6.1}$$

© Springer Fachmedien Wiesbaden GmbH, ein Teil von Springer Nature 2020
K. Stierstadt, *Temperatur und Wärme – was ist das wirklich?*, essentials,
https://doi.org/10.1007/978-3-658-28645-3_6

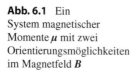

Abb. 6.1 Ein System magnetischer Momente μ mit zwei Orientierungsmöglichkeiten im Magnetfeld B

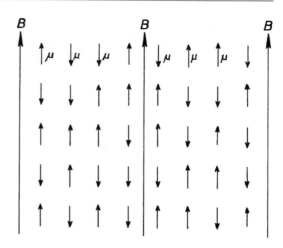

Nun benötigen wir wieder ein Ergebnis aus der Quantenphysik: Die kleinsten, in der Natur vorkommenden magnetischen Momente können, wie in Abb. 6.1 nur parallel oder antiparallel zur Feldrichtung stehen. Diese kleinsten Momente haben die Größe $\mu = 9{,}27\ldots \cdot 10^{-24.}\,\mathrm{Am}^2$. In einem Feld von einem Tesla bzw. $1\,\mathrm{Vs/m}^2$ besitzen sie nach Gl. (6.1) dann eine potenzielle Energie vom Betrag $\varepsilon = 9{,}27 \cdot 10^{-24}\,\mathrm{J}$. Das ist etwa 430-mal weniger als die kinetische Energie eines Gasatoms bei Raumtemperatur ($\approx 4 \cdot 10^{-21}\,\mathrm{J}$). Eine eigene kinetische Energie besitzen diese Momente selbst nicht sondern nur die sie tragenden Atome. Aufgrund der Kopplung der Momente an die Atome kann jedoch kinetische Energie derselben auf die potenzielle der Momente übertragen werden. Dabei reicht der Stoß eines Gasatoms bei Normalbedingungen also reichlich aus, um die Orientierung eines Moments aus der Feldrichtung in die Gegenrichtung umzudrehen ($\Delta\varepsilon \approx 2 \cdot 10^{-23}\,\mathrm{J}$). Eine Feldstärke von einem Tesla herrscht etwa an der Oberfläche eines starken Haftmagneten.

Für das Folgende ist es nun wichtig, unser Magnetmodell zu idealisieren:

- Benachbarte Atommomente sollen soweit voneinander entfernt sein, dass sich ihre eigenen Magnetfelder nicht gegenseitig beeinflussen. Das heißt, etwa einige Nanometer Abstand zwischen den Momenten.
- Die Atommomente sollen durch Stöße der sie tragenden Atome an deren Temperaturbewegung teilnehmen („Spin-Bahn-Wechselwirkung"). Das heißt, die Stöße der Atome untereinander sollen die Richtungen der Momente so beeinflussen, dass sie mit der Temperatur des Körpers im Gleichgewicht sind.

Nun werden wir die Zustandsfunktion $\Omega(U)$ eines idealen Magneten berechnen. Die innere Energie U des Systems in Abb. 6.1 ist nach Gl. (6.1)

$$U = -\mu B N_+ + \mu B N_-, \qquad (6.2)$$

wobei N_+ Momente in Feldrichtung zeigen und N_- in die Gegenrichtung ($N_+ + N_- = N$). Für die Vielfachheit, das heißt, die Anzahl der Möglichkeiten, die Richtungen der Momente zu verteilen, gibt es eine einfache Formel aus der Kombinatorik. Sie lautet

$$\omega(N, N_+, N_-) = \frac{N!}{N_+! N_-!}. \qquad (6.3)$$

Dabei sind die N Gitterplätze als unterscheidbar vorausgesetzt, die einzelnen Momente N_+ und N_- aber nicht. Die Vertauschung von zwei gleichgerichteten Momenten bringt physikalisch ja nichts Neues. Die Gültigkeit der Beziehung Gl. (6.3) macht man sich am besten mit kleinen Zahlen klar: Für $N_+ = 0$ ist $N_- = N$ und ω daher gleich 1 (es gilt $0! = 1$). Für $N_+ = 1$ und $N_- = N - 1$ gibt es genau N Möglichkeiten, N_+ zu positionieren, und ω ist gleich N. Für $N_+ = 2$ und $N_- = N - 2$ gibt es N Möglichkeiten für das erste N_+ und $N - 1$ für das zweite. Dann wird $\omega = N(N - 1)/2$ usw.

Um die Temperatur des Magneten nach Gl. (2.9) zu berechnen, brauchen wir ω aber nicht als Funktion von N_+ und N_- sondern als Funktion von U und N. Das lässt sich einfach bewerkstelligen: Aus Gl. (6.2) erhält man nämlich

$$N_+ = \frac{N}{2} - \frac{U}{2\mu B} \quad \text{und} \quad N_- = \frac{N}{2} + \frac{U}{2\mu B}. \qquad (6.4\text{a,b})$$

Das eingesetzt in Gl. (6.3) liefert

$$\omega = \frac{N!}{\left(\frac{N}{2} - \frac{U}{2\mu B}\right)! \left(\frac{N}{2} + \frac{U}{2\mu B}\right)!} \qquad (6.5)$$

Für $N \gg 1$ können wir die Fakultäten durch die vereinfachte Stirling-Näherung Gl. (4.9), $x! \approx (x/e)^x$, ersetzen. Damit erhalten wir, wie beim idealen Gas, anstelle der diskreten Funktion ω eine kontinuierliche Ω. Sie lautet

$$\Omega(N, U, B) = \frac{(2N)^N}{\left(N - \frac{U}{\mu B}\right)^{[N - U/(\mu B)]/2} \left(N + \frac{U}{\mu B}\right)^{[N + U/(\mu B)]/2}} \qquad (6.6)$$

und logarithmiert

$$\ln \Omega(N, U, B) = N\ln(2N) - \frac{1}{2}\left(N - \frac{U}{\mu B}\right)\ln\left(N - \frac{U}{\mu B}\right) - \frac{1}{2}\left(N + \frac{U}{\mu B}\right)\ln\left(N + \frac{U}{\mu B}\right).$$

(6.7)

Differenzieren nach der Energie liefert bei konstantem N und B

$$\left(\frac{\partial \ln\Omega}{\partial U}\right)_{N,B} = \frac{1}{2\mu B}\ln\frac{N - U/(\mu B)}{N + U/(\mu B)}.$$

(6.8)

Die statistische Temperaturdefinition lautet dann

$$\boxed{T(U, N, B) = \frac{1}{k}\left(\frac{\partial \ln\Omega}{\partial U}\right)^{-1} = \frac{2\mu B}{k}\left(\ln\frac{N - U/(\mu B)}{N + U/(\mu B)}\right)^{-1} = \frac{2\mu B}{k\ln(N_+/N_-)}.}$$

(6.9)

Die letzte Teilgleichung erhält man durch Einsetzen von Gl. (6.4a,b). Löst man die Gl. (6.9) nach U auf, so folgt mit $(e^x - e^{-x})/(e^x + e^{-x}) = \tanh x$

$$\boxed{U(T, N, B) = -N\mu B\tanh\left(\frac{\mu B}{kT}\right).}$$

(6.10)

Das ist die kalorische Zustandsgleichung eines idealen Paramagneten bzw. die innere Energie, ausgedrückt durch die Eigenschaften der Momente, nämlich N und μ. An den Gl. (6.9) und (6.10) erkennen wir eine wichtige Tatsache: Temperatur und innere Energie sind nicht einfach proportional zueinander wie beim idealen Gas, sondern sie hängen nichtlinear voneinander ab. Doch bleibt die allgemeine Tendenz erhalten, nämlich dass T mit U monoton ansteigt.

Um die Gültigkeit unserer Temperaturdefinition Gl. (6.9) zu prüfen, könnten wir die innere Energie in einem Kalorimeter messen. Einfacher ist es jedoch, die Temperaturabhängigkeit der Wärmekapazität $C = \partial U/\partial T$ zu bestimmen. Diese ergibt sich aus Gl. (6.10) bei konstantem Magnetfeld zu

$$\boxed{C_B = \left(\frac{\partial U}{\partial T}\right)_B = kN\left(\frac{\mu B}{kT}\right)^2\cosh^{-2}\left(\frac{\mu B}{kT}\right).}$$

(6.11)

In Abb. 6.2 ist dieser Ausdruck mit der Messung an einem paramagnetischen Salz verglichen. Die Übereinstimmung ist ausgezeichnet und damit die Gültigkeit der Temperaturdefinition Gl. (6.9) bewiesen. Das Maximum der Kurve bei $\mu B/kT = 1$ heißt Schottky-Anomalie nach Walter Schottky (1886–1976). Bei dieser Tem-

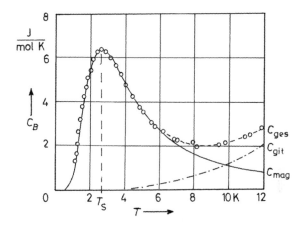

Abb. 6.2 Wärmekapazität des annähernd idealen Paramagneten $NiSO_4 \cdot 6H_2O$. Die durchgezogene Kurve entspricht Gl. (6.11). Beginnend ab etwa 4 K kommt zum magnetischen Anteil C_{mag} ein strichpunktierter C_{git} von den Schwingungen der Atome im Kristallgitter hinzu (s. Kap. 7)

peratur T_S reicht die thermische Energie der Atome gerade aus, um ihre magnetischen Momente aus der Feldrichtung in die Gegenrichtung zu drehen. Die in Abb. 6.2 dargestellte Messung an Nickelsulfat ist deshalb repräsentativ, weil in dieser Substanz die magnetischen Momente nur zu den Nickelatomen gehören. Und diese sind im Kristall etwa 1 nm voneinander entfernt, sodass sie sich gegenseitig praktisch nicht beeinflussen. Das war eine der Bedingungen für unser idealisiertes Modell.

Temperatur und Wärmekapazität eines idealen Kristalls

7

Als drittes Beispiel zum Beweis der statistischen Temperaturdefinition Gl. (2.9) betrachten wir einen idealen Kristall („Einstein solid"). Die Abb. 7.1 zeigt ein Bild der Anordnung der Atome im tetragonalen Kristallgitter eines Festkörpers. Die Schraubenfedern zwischen den Atomen symbolisieren die elektrischen Kräfte zwischen ihnen. Unter deren Einfluss können die Atome harmonische Schwingungen um ihre Gleichgewichtslage ausführen. Die Energie einer solchen Schwingung ist nach den Regeln der Quantentheorie

$$\varepsilon = \left(s + \frac{1}{2}\right)h\nu. \tag{7.1}$$

Dabei ist $s = 0$, 1, 2 usw. die **Schwingungsquantenzahl,** h die Planck-Konstante und ν die Eigenfrequenz der Schwingung. Die Energie in Gl. (7.1) besteht aus einem thermischen Anteil $sh\nu$ und der **Nullpunktsenergie** $h\nu/2$. Letztere ist eine Folge von Heisenbergs Unschärfebeziehung (Werner Heisenberg, 1901–1975), die besagt, dass Ort und Impuls eines Objekts nie gleichzeitig genau bekannt sein können. Die Nullpunktsenergie ist die kleinste Menge, die jedes Atom bei $T = 0$ noch besitzt, und sie kann unter ihnen nicht umverteilt werden. Die ununterscheidbaren Quanten $sh\nu$ der thermischen Energie können dagegen auf die unterscheidbaren **Schwingungsmoden** verteilt werden.

Die Schwingungsfrequenzen ν der Atome liegen bei Normalbedingungen in der Größenordnung von 10^{13} s^{-1}. Man kann sie im Prinzip aus den elektrischen Kräften zwischen den Atomen berechnen. Die Schwingungsquantenzahlen s liegen bei Raumtemperatur zwischen 1 und 3. Damit folgt für die Größenordnung der Schwingungsenergie nach Gl. (7.1) $\varepsilon \approx 10^{-20}$ J. Das ist etwa doppelt soviel wie die kinetische Energie eines Argonatoms bei Raumtemperatur (vgl. Kap. 10). Der Stoß eines solchen Atoms reicht also hier nicht ganz aus, um ein

© Springer Fachmedien Wiesbaden GmbH, ein Teil von Springer Nature 2020
K. Stierstadt, *Temperatur und Wärme – was ist das wirklich?*, essentials,
https://doi.org/10.1007/978-3-658-28645-3_7

Abb. 7.1 Federmodell
eines raumzentrierten
Kristallgitters

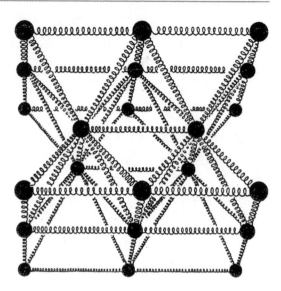

anderes Atom in Schwingung zu versetzen, sondern erst oberhalb etwa 250 °C.
Nun müssen wir unser Modell von Abb. 7.1 wieder idealisieren um einfach etwas
berechnen zu können:

- Alle Atome sollen mit der gleichen Frequenz v schwingen.
- Die Schwingungen können in Oszillationen in drei zueinander senk-
  rechten Raumrichtungen zerlegt werden. N Atome besitzen dann $3N$ solcher
  Schwingungskomponenten (Moden).

Zur Berechnung der Zustandsfunktion brauchen wir wieder die innere Energie U
des Kristalls. Diese ist nach Gl. (7.1)

$$U = hv \sum_{i=1}^{3N} \left(s_i + \frac{1}{2} \right) = U_{\text{th}} + U_{\text{np}}$$

(7.2)

Mit dem thermischen Anteil $U_{\text{th}} = hv\sum s_i$ und dem Nullpunktsanteil $U_{\text{np}} = 3Nhv/2$.
Nur der thermische Anteil kann, wie erwähnt, umverteilt werden. Die Summe $\sum s_i$
aller Schwingungsquanten bezeichnen wir zur Abkürzung mit q, also $U_{\text{th}} = qhv$.
Aus der Kombinatorik finden wir für ω den gleichen Ausdruck wie in Gl. (2.1),
nämlich

$$\omega = \frac{(q + 3N - 1)!}{q!(3N - 1)!}.$$

$$(7.3)$$

Das kann man sich am Modell der Abb. 7.2 klar machen. Wir betrachten $q = 8$ Energiequanten (●) die auf $N = 2$ Atome bzw. auf $3N = 6$ Oszillatoren verteilt sind. Zwischen diesen befinden sich $3N - 1 = 5$ Wände (|). Das System enthält also $q + 3N - 1 = 13$ Objekte, die in beliebiger Reihenfolge angeordnet werden können. Jede solche Anordnung entspricht einer bestimmten Verteilung der Energiequanten auf die Oszillatoren, das heißt, einem bestimmten Mikrozustand. Insgesamt gibt es dann $(q + 3N - 1)!$ solcher Zustände. Nun sind die Wände und die Energiequanten alle untereinander gleich, das heißt ununterscheidbar. Vertauscht man einige von ihnen untereinander, so erhält man keinen neuen Mikrozustand. Daher müssen wir noch durch $q!$ und $(3N - 1)!$ dividieren und erhalten für ω die Gl. (7.3).

Wenn wir auf die Fakultäten in Gl. (7.3) wieder die Stirling-Näherung Gl. (4.9) anwenden, dann erhalten wir nach einiger Umformung die kontinuierliche Zustandsfunktion

$$\Omega(q, N) = \frac{\left(\frac{q+3N}{q}\right)^q \left(\frac{q+3N}{3N}\right)^{3N}}{\sqrt{2\pi \frac{q(q+3N)}{3N}}}.$$

$$(7.4)$$

Logarithmiert man das, so folgt

$$\ln \Omega(q, N) = (q + 3N) \ln(q + 3N) - q \ln q - 3N \ln(3N) - \frac{1}{2} \ln \left[2\pi \frac{q(q + 3N)}{3N}\right].$$

$$(7.5)$$

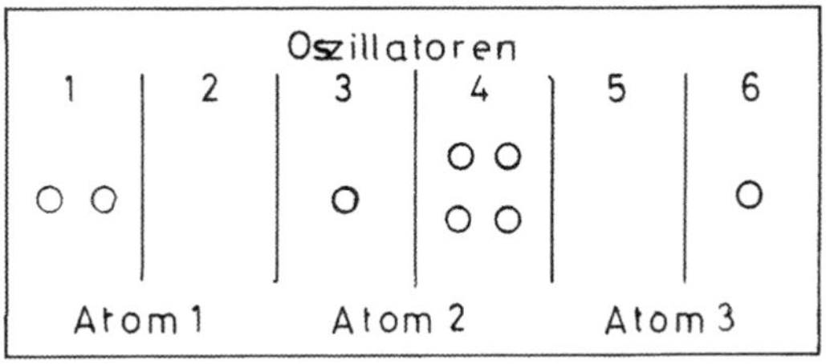

Abb. 7.2 Modell für die Beziehung Gl. (7.3), bestehend aus zwei Atomen mit je drei Oszillatoren, mit acht Energiequanten (o) und mit fünf Wänden (|) zwischen den Oszillatoren

Hier können wir den letzten Term vernachlässigen, denn er enthält nicht den sehr großen Faktor q bzw. N wie alle die anderen Terme. Die Ableitung von Gl. (7.5) nach q lautet nun einfach

$$\frac{\partial \ln \Omega}{\partial q} = \ln(q + 3N) - \ln q. \qquad (7.6)$$

Nun müssen wir q wieder durch die Innere Energie U ersetzen. Mit $U = h\nu(q + 3N/2)$ bzw. $q = U/(h\nu) - 3N/2$ wird aus Gl. (7.6)

$$\frac{\partial \ln \Omega}{\partial U} = \frac{1}{h\nu} \ln \frac{U/(h\nu) + 3N/2}{U/(h\nu) - 3N/2}. \qquad (7.7)$$

Die Temperatur ergibt sich dann nach Gl. (2.9) zu

$$\boxed{T(U, N, \nu) = \frac{1}{k}\left(\frac{\partial \ln \Omega}{\partial U}\right)_{N,\nu}^{-1} = \frac{h\nu}{k}\left(\ln \frac{2U + 3Nh\nu}{2U - 3Nh\nu}\right)^{-1}.} \qquad (7.8)$$

Löst man das nach der inneren Energie auf, dann folgt

$$\boxed{U(T, N, \nu) = 3Nh\nu\left(\frac{1}{e^{h\nu/(kT)} - 1} + \frac{1}{2}\right).} \qquad (7.9)$$

Und daraus erhalten wir schließlich noch die Wärmekapazität bei konstanter Frequenz

$$C_\nu = \left(\frac{\partial U}{\partial T}\right)_\nu = 3Nk\left(\frac{h\nu}{kT}\right)^2 \frac{e^{h\nu/(kT)}}{\left(e^{h\nu/(kT)} - 1\right)^2}. \qquad (7.10)$$

Dieses Ergebnis hat Albert Einstein (1879–1955) schon im Jahr 1907 erhalten.

Zum Beweis unserer Rechnung und damit auch der statistischen Temperatur-definition vergleichen wir in Abb. 7.3 die berechnete Wärmekapazität mit Messungen an Diamant, der den Voraussetzungen unseres Modells am besten entspricht. Unterhalb von 330 K weicht die Theorie etwas von den Messungen ab. Eine Verbesserung der Theorie hat dann 1912 Peter Debye (1884–1966) geliefert. Er nahm an, dass die Atome mit einem ganzen Spektrum verschiedener Frequenzen schwingen können. Das ergab bei tiefen Temperaturen eine Abhängigkeit $C(\nu) \sim T^3$ anstelle von $C(\nu) \sim e^{1/T}$ wie in Gl. (7.10).

Mit unseren Ergebnissen für die Zustandsfunktion Ω des idealen Para-magneten und des idealen Kristalls können wir natürlich auch diejenige eines

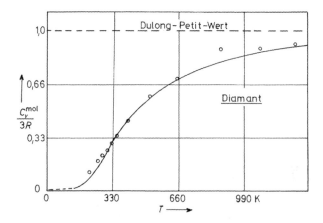

Abb. 7.3 Temperaturabhängigkeit der molaren Wärmekapazität von Diamant; Messwerte (●) und Theorie (– – – – Gl. 7.10), angepasst mit $\nu = 4{,}4 \cdot 10^{12}$ s^{-1}. Der Dulong-Petit-Wert entspricht der klassischen Erwartung

paramagnetischen Festkörpers gewinnen. Wir müssen im Prinzip nur die beiden Zustandsfunktionen multiplizieren, denn für jeden Zustand des einen Systems sind alle Zustände des anderen Systems erlaubt. Für ein paramagnetisches Gas, wie Sauerstoff gilt Entsprechendes. Mit diesen Beispielen wollen wir unsere Erläuterungen zur statistischen Temperaturdefinition (Gl. 2.9) abschließen. Wir haben dabei gelernt, wie man die makroskopischen Größen, Temperatur, innere Energie und Wärmekapazität durch die Zustandsfunktion Ω ausdrückt und sie damit auf die Eigenschaften der Atome zurückführt (hier m, μ und ν). Damit haben wir die thermodynamischen Größen atomistisch erklärt, und *wir wissen nun, was die Temperatur „wirklich ist"*. Diese Erklärung der Temperatur war auch eines der ursprünglichen Ziele der Thermodynamik und geht in ihren Grundgedanken auf Boltzmann zurück. Die Wärme erklären wir im folgenden Kapitel.

Wir wissen nun, was Temperatur wirklich ist, nämlich eine einfache Funktion der Anzahl Ω der möglichen Energiezustände eines Systems. Je schwächer diese Zahl mit der Energie ansteigt, desto höher ist die Temperatur. Und damit haben wir für diese auch eine atomistische Beschreibung, denn Ω hängt von den Eigenschaften der Atome ab. Jetzt wollen wir eine ähnliche Erklärung für die Wärme Q finden. Bis um 1850 dachte man, dass Wärme ein bestimmter Stoff (caloricum) wäre. Doch das erwies sich als falsch. Sucht man heute in den Lehrbüchern nach einer Definition der Wärme, so findet man oft den lapidaren Satz: „Wärme ist eine Energieform, die sich von der Arbeit unterscheidet". Das hilft natürlich nicht viel weiter. Und was alles Arbeit ist, das wird dabei nicht erklärt. Offenbar gibt es aber einen qualitativen Unterschied zwischen Wärme und Arbeit. Das haben Julius R. Mayer (1814–1878) und Rudolf Clausius (1822–1888) um die Mitte des 19. Jahrhunderts im sogenannten **ersten Hauptsatz der Thermodynamik** formuliert:

$$dU = đQ + \sum đW. \tag{8.1}$$

Hier ist U die innere Energie eines Körpers, das heißt, seine Gesamtenergie U_{ges} abzüglich der Massenenergie $U_m = \sum mc^2$ seiner Bestandteile und abzüglich der kinetischen Energie U_{sp} seines Schwerpunkts. Die Größe $đQ$ ist die in Form von Wärme vom oder an den Körper übertragene Energie. Und zwar dann, wenn zwischen dem Körper und seiner Umgebung nur eine Temperaturdifferenz herrscht, aber sonst kein Unterschied anderer physikalischer Größen wie elektrischer oder magnetischer Felder usw. Die $\sum đW$ ist die Summe aller als Arbeit übertragenen Energieformen. Das Zeichen đ soll bedeuten, dass die Größen Q und W vom Weg abhängen, auf dem die Energie ausgetauscht wird. Die innere Energie U (mit normalem d) ist dagegen eine Zustandsgröße und hängt nicht vom Weg ab.

Aber was ist nun die Arbeit? Das sind diejenigen Energiebeiträge, die zum Beispiel bei einer Veränderung des Volumens oder der Form eines Körpers aufgrund einer Kraftwirkung auftreten oder bei einer Änderung der elektrischen Ladung oder bei einer Magnetisierung, einer chemischen Reaktion usw. Es gibt also vielerlei Arten von Arbeit; daher das Summenzeichen in Gl. (8.1). In dieser Gleichung sind wohlgemerkt nur die *Änderungen* der Energie eines Körpers aufgeführt. Das entspricht dem Transport von Energie zum oder von diesem Körper. Die Größen Q und W sind nur **Übertragungsformen** der Energie. Von Wärme(energie) und Arbeit(senergie) spricht man nur, solange sie von einem Körper auf einen anderen übertragen wird. Ist dieser Transport beendet, so spricht man nur noch von innerer Energie, die in dem Körper enthalten ist. Das ist eine sehr wichtige Begriffsbildung und sie ist in Abb. 8.1 zeichnerisch erläutert.

Die in Gl. (8.1) ausgedrückte Trennung von Wärme und Arbeit weist, wie gesagt, auf einen *qualitativen* Unterschied zwischen beiden Arten der Energieübertragung hin. Und diesen Unterschied wollen wir jetzt erkunden. Seit Boltzmann wissen wir, dass Temperatur und Wärme etwas mit der Verteilung der Energie auf die Bestandteile eines Körpers zu tun haben (s. Abb. 2.2), das heißt mit unserer in den vorigen Kapiteln berechneten Zustandsfunktion Ω. Um das

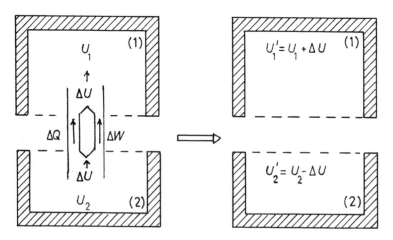

Abb. 8.1 Zum Austausch von Wärme und Arbeit zwischen zwei Körpern (1) und (2). Nur während des Austauschs von Energie existieren die Größen Wärme ΔQ und Arbeit ΔW. Vorher und nachher existiert nur die innere Energie U bzw. ihre Zu- oder Abnahme ΔU des Körpers, nicht aber Q und W. In einem Körper kann also nur innere Energie enthalten sein, nicht aber Wärme oder Arbeit. Dieses sind nur Übertragungsformen der Energie

genauer zu verstehen, betrachten wir nun die Veränderungen dieser Funktion bei einer Variation der Parameter, von denen sie abhängt. Für ein ideales Gas sind das die innere Energie U, das Volumen V des Behälters und die Teilchenzahl N (s. Gl. 4.14). Daher lautet das vollständige Differential von Ω

$$d(\ln \Omega) = \left(\frac{\partial \ln \Omega}{\partial U}\right)_{V,N} dU + \left(\frac{\partial \ln \Omega}{\partial V}\right)_{U,N} dV + \left(\frac{\partial \ln \Omega}{\partial N}\right)_{U,V} dN. \quad (8.2)$$

Der Faktor bei dU ist nach Gl. (2.9) gleich $(kT)^{-1}$. Den Faktor bei dN erhalten wir für ein ideales Gas aus Gl. (5.1), $\ln\Omega = N\ln V + \text{const.}$, zu $N/V = P/(kT)$ (s. ideale Gasgleichung (10.2a) im Kap. 10). Und der Faktor bei dN ist eine Größe μ, die eng mit dem chemischen Potenzial μ_{ch} zusammenhängt. Dieses $\mu_{ch} \equiv f \cdot \mu$ ist die Energie, die zwischen einem System und seiner Umgebung ausgetauscht wird, wenn man ihm ein Teilchen zuführt oder wegnimmt, und zwar bei konstant gehaltener Entropie und, beim Gas, bei konstantem Volumen. Das wird in einem anderen *essential* [4] ausführlich erklärt. Der Faktor f enthält die Eigenschaften des Systems.

Nun setzen wir die Ausdrücke für die partiellen Differentialquotienten in Gl. (8.2) ein und erhalten

$$d(\ln \Omega) = \frac{1}{kT} dU + \frac{P}{kT} dV + \mu dN. \quad (8.3)$$

Um das mit dem ersten Hauptsatz Gl. (8.1) vergleichen zu können, lösen wir es nach dU auf:

$$dU = kT d(\ln \Omega) - P dV - kT \mu dN. \quad (8.4)$$

Hier erkennen wir im zweiten Term rechts die Kompressionsarbeit $đW_{ko} = -P\,dV$. Sie ist für $V < 0$ positiv. Der dritter Term ist die chemische Arbeit $đW_{ch}$ beim Austausch von Teilchen, wie oben erläutert. Vergleichen wir nun Gl. (8.4) bei konstanter Teilchenzahl und bei konstantem Volumen mit Gl. (8.1), so sehen wir, dass der erste Term auf der rechten Seite die Wärme sein muss: $kT\,d(\ln\Omega) = đQ$. Beim Wärmeaustausch ändert sich also $\ln\Omega$ bzw. Ω selbst. Dagegen bleibt beim Austausch von Arbeit Ω konstant, wenn nicht gleichzeitig eine Erwärmung oder Abkühlung stattfindet. Hiermit haben wir den qualitativen Unterschied zwischen Wärme und Arbeit gefunden, ausgedrückt durch die Zustandsfunktion Ω. Es gilt also beim idealen Gas:

Für reine Wärme $đQ$ gilt: $d\Omega \neq 0$ und dV sowie $dN = 0$. $\quad$ (8.5a)

Für reine Arbeit $đW$ gilt: $d\Omega = 0$ und dV oder $dN \neq 0$. $\quad$ (8.5b)

Der Zusatz „rein" bedeutet hier: nur Wärme ohne gleichzeitige Arbeit bzw. nur Arbeit ohne gleichzeitige Wärme. In der Realität sind oft beide Arten von Energieänderungen in verschiedenen Anteilen vorhanden. Beispiel: Wenn man ein ideales Gas komprimiert, erwärmt es sich normalerweise. Es sei denn, man führt die Kompression in einem Wärmebad konstanter Temperatur durch.

Wir wollen das Vorhergehende noch kurz für unseren idealen Magneten besprechen (s. Kap. 6). Anstelle des zweiten Gliedes rechts in Gl. (8.2) haben wir dann

$$ kT \left(\frac{\partial \ln \Omega}{\partial B} \right)_{U,N} \mathrm{d}B = -\frac{U}{B} \mathrm{d}B. \tag{8.6} $$

Das ist die magnetische Arbeit $đW_{\mathrm{mg}}$, wie man sie aus Gl. (6.7) und (6.8) erhält. Nach Gl. (6.2) ist das magnetische Moment eines Körpers $M = \mu(N_+ - N_-)$ und die innere Energie $U = -MB$. Damit haben wir für die magnetische Arbeit

$$ đW_{\mathrm{mg}} = -M \, \mathrm{d}B, \tag{8.7} $$

also einen ganz ähnlichen Ausdruck wie $đW_{\mathrm{me}} = -P \, \mathrm{d}V$. Die Größen B und V nennt man in diesem Zusammenhang **äußere Parameter** des Systems, weil sie sich „von außen" vorgeben lassen. Wir können also zusammenfassend sagen:

▶ Arbeit ist die Änderung der inneren Energie eines Systems, wobei die Zustandszahl konstant bleibt, aber die äußeren Parameter sich ändern. Bei der Wärme ist es genau umgekehrt.

Das wollen wir uns nun anhand des Energieniveauschemas vor Augen führen.

In Abb. 8.2 ist ein solches Schema skizziert, einmal für den Wärmeaustausch und einmal für denjenigen von Arbeit. Bei Wärmezufuhr bewegt sich das System im Energieniveauschema nach oben (Doppelpfeil). Mit U nimmt dabei im Allgemeinen auch die Zustandszahl ω bzw. Ω zu (s. Gl. 4.14). Die Abstände der möglichen Energieniveaus betragen bei einem idealen Gas nach Gl. (4.11) für $\Delta \Sigma n_i = 1$

$$ \Delta U_{\mathrm{min}} = \frac{h^2}{8mV^{2/3}}. \tag{8.8} $$

Und für den idealen Magneten ergibt sich aus Gl. (6.1)

$$ \Delta U_{\mathrm{min}} = 2\mu B. \tag{8.9} $$

Diese Abstände ändern sich beim reinen Wärmeaustausch nicht, weil dabei V bzw. B konstant bleibt. Anders ist es bei der Arbeit. Sie wird beim Gas durch

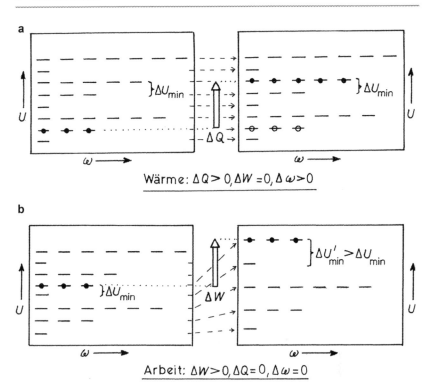

Abb. 8.2 Die Unterschiede im Niveauschema beim Übertrag von Wärme (**a**) und Arbeit (**b**). Die Punkte (•) bezeichnen die möglichen Zustände des Systems bei einer bestimmten Energie, die Kreise (o) solche, die bei Wärmezufuhr frei geworden sind

eine Volumenänderung bewirkt, beim Magneten durch eine Feldänderung. Dabei ändern sich aber nach Gl. (8.8) und (8.9) auch die Niveauabstände im U-ω-Schema. Das ist in Abb. 8.2b für die Energiezufuhr in Form von Arbeit skizziert. Die Niveaus des Systems wandern alle zu höherer Energie. Dabei bleibt aber die Vielfachheit ω bzw. Ω konstant. Der Abstand ΔU_{min} beträgt beim Gas in unserem Beispiel (1 l Argon bei Normalbedingungen) ungefähr 10^{-43} J, beim Magneten für $B = 1$ T etwa 10^{-23} J.

Mit der Abb. 8.2 haben wir eine anschauliche Erklärung für den qualitativen Unterschied zwischen Arbeit und Wärme gewonnen, den Clausius um 1850 postuliert hatte. Dieser Unterschied hat einschneidende Folgen für die Technik: Zwar kann man Arbeit vollständig in Wärme umwandeln, aber nicht umgekehrt Wärme vollständig in Arbeit. Das hatte allerdings schon Sadi Carnot (1796–1832) zu Anfang des 19. Jahrhunderts aufgrund der Erfahrungen der Dampfmaschinenbauer erkannt. Clausius hat es dann im zweiten Hauptsatz der Thermodynamik quantitativ formuliert.

Die Entropie

Wir haben für die thermodynamischen Größen, Temperatur, Wärme und Arbeit mikroskopische Ausdrücke gefunden. Das heißt, wir haben sie auf die Eigenschaften der Atome zurückgeführt. Nun wollen wir die vierte thermodynamische Grundgröße, die Entropie S, ebenso behandeln. Sie wurde um die Mitte des 19. Jahrhunderts von Clausius für einen Wärmeübergang eingeführt und folgendermaßen definiert:

$$\Delta S = S_B - S_A = \int_A^B \frac{dQ}{T}. \tag{9.1}$$

Dabei sind A und B zwei Gleichgewichtszustände des betrachteten Körpers oder Systems, dQ ist die *reversibel* übertragene Wärme und T die Temperatur. Für einen *irreversiblen* Wärmetransport ist das zweite Gleichheitszeichen in Gl. (9.1) durch ein $\geq$ Zeichen zu ersetzen. Ein wirklich reversibler Wärmeübertrag kann allerdings nur bei verschwindender Temperaturdifferenz zwischen zwei Systemen stattfinden. Dann verläuft er natürlich beliebig langsam. Die Gl. (9.1) bezeichnet jedoch nur die *Änderungen* der Entropie. Um 1890 hat Boltzmann dann einen Ausdruck für ihren *Absolutwert* gefunden, nämlich

$$S = k \ln \Omega \tag{9.2}$$

mit der Boltzmann-Konstante k und der Zustandszahl Ω, die wir in den vorhergehenden Kapiteln diskutiert haben. Die Entropie hängt nach Gl. (9.2) über Ω von den Eigenschaften der Atome ab. Sie ist aber auch eine Funktion der Teilchenzahl, des Volumens, des Magnetfelds usw. Im Rahmen der Thermodynamik ist jedoch ihr wichtigster Parameter die innere Energie bzw. die Temperatur (s. Kap. 4–7). Wir wollen diese Abhängigkeit nun näher untersuchen.

© Springer Fachmedien Wiesbaden GmbH, ein Teil von Springer Nature 2020
K. Stierstadt, *Temperatur und Wärme – was ist das wirklich?*, essentials,
https://doi.org/10.1007/978-3-658-28645-3_9

Zunächst setzen wir in Gl. (9.1) unseren in Kap. 8 gewonnenen Ausdruck für die Wärme ein, nämlich $đQ = kT \, d(\ln\Omega)$ und erhalten

$$S(T_\mathrm{B}) - S(T_\mathrm{A}) = \int\limits_{T_\mathrm{B}}^{T_\mathrm{A}} \frac{kT' d\left(\ln \Omega\left(T'\right)\right)}{T'} = k[\ln(\Omega_\mathrm{B}(T_\mathrm{B})) - \ln(\Omega_\mathrm{A}(T_\mathrm{A}))]. \quad (9.3)$$

Um den Absolutwert $S(T_\mathrm{B})$ der Entropie bei einer bestimmten Temperatur T_B zu bekommen, müssen wir einen anderen Wert $S(T_\mathrm{A})$ kennen. Als solchen nehmen wir denjenigen bei $T_\mathrm{A} = 0$. Hier hat jedes Teilchen nur noch die Nullpunktsenergie (s. Kap. 7), die nicht umverteilt werden kann. Daher gibt es auch nur noch einen möglichen Zustand, das heißt $\Omega_\mathrm{A}(T_\mathrm{A}) = 1$ und $\ln\Omega_\mathrm{A} = 0$. Nach Gl. (9.2) ist dann auch $S(T_\mathrm{A}) = 0$. Damit haben wir gezeigt, dass Clausius' und Boltzmanns Ausdrücke Gl. (9.1) und (9.2) äquivalent sind.

Die Temperaturabhängigkeit der Entropie für unsere drei Modellsysteme aus Kap. 4, 6 und 7 ist in Abb. 9.1 dargestellt. Man erhält sie aus den entsprechenden Gleichungen für $\ln\Omega$, worin man jeweils den zugehörigen Ausdruck für $U(T)$ einsetzen muss. Die Größenordnung der Entropie ergibt sich aus derjenigen von $\ln\Omega$, nämlich etwa 10^{24} für einen einfachen Körper unter Normalbedingungen. Mit der Boltzmann-Konstante $k = 1{,}381 \cdot 10^{-23}$ J/K folgt dann S in der Größenordnung 10 J/K. Erhitzt man zum Beispiel einen Liter Wasser von 20 auf 100 °C, so nimmt seine Entropie um 336 J/K zu.

In manchen Lehrbüchern findet man die Bemerkung, Entropie sei nur schwer oder überhaupt nicht zu messen. Diese Behauptung ist falsch. Die Temperaturabhängigkeit der Entropie lässt sich nämlich relativ einfach mit einem Kalorimeter bestimmen. Man ersetzt dazu in Gl. (9.1) $đQ$ durch die Wärmekapazität C, denn es gilt definitionsgemäß

$$C \equiv \frac{\partial Q}{\partial T} \quad \text{bzw.} \quad đQ = C dT. \quad (9.4a,b)$$

Damit wird aus Gl. (9.1)

$$S(T_\mathrm{B}) - S(T_\mathrm{A}) = \int\limits_{T_\mathrm{A}}^{T_\mathrm{B}} \frac{C\left(T'\right)}{T'} dT'. \quad (9.5)$$

Zur Messung der Entropie führt man dem zu untersuchenden Körper in einem Kalorimeter schrittweise Wärmeenergiemengen ΔQ_i zu, dividiert diese durch die jeweilige Temperatur T_i und summiert das dann von $T_\mathrm{A} = 0$ bis zur gewünschten Temperatur T_B. Dabei muss man bei einer möglichst tiefen Temperatur anfangen

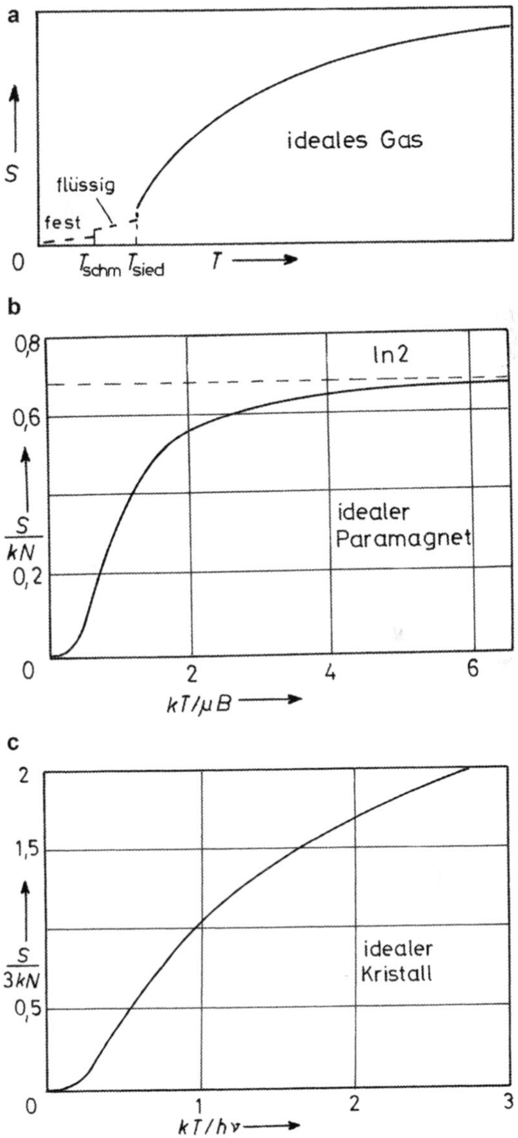

Abb. 9.1 Temperaturabhängigkeit der Entropie für unsere drei Modellsysteme

und die Messwerte nach $T \to 0$ extrapolieren. Dieses Verfahren ist in Abb. 9.2 zeichnerisch beschrieben.

Der Messwert für das Edelgas Neon dicht oberhalb seines Siedepunkts (27,2 K) beträgt 96,4 J/(mol K). Hier befindet sich das Gas schon im idealisierten Zustand. Um das mit dem theoretischen Wert aus Gl. (9.2) zu vergleichen, müssen wir $\ln\Omega$ als Funktion von T kennen. Das geht mittels Gl. (5.2), indem man dort U durch $3NkT/2$ aus der kalorischen Zustandsgleichung ersetzt (s. Kap. 10). Damit folgt

$$\ln\Omega = N\left(\frac{3}{2}\ln\frac{2\pi e m k}{h^2} + \frac{3}{2}\ln T + \ln V\right). \tag{9.6}$$

Setzen wir hier Zahlen ein, so ergibt sich für ein Mol Neon bei 27,3 K der theoretische Wert $S = 543,6$ J/K, über fünfmal so hoch wie der Messwert! Was ist hier falsch? Das haben Otto Sackur (1880–1915) und Hugo M. Tetrode (1895–1931) schon 1911 vorhersagen können, obwohl es damals noch keine Messungen der Entropie gab.

Der Fehler ist folgender: Bei der Berechnung von Ω für das ideale Gas in Kap. 4 haben wir nämlich die Mikrozustände zweier Gasatome a und b mit derselben Energie ε als zwei verschiedene Zustände gezählt, wenn man a und b vertauscht. Tut man das aber in der Praxis, so erhält man physikalisch nichts Neues, weil die Atome *ununterscheidbar* sind. Sie sehen ja alle gleich aus. Wir haben also physikalisch gesehen zu viele Zustände gezählt und müssen alle diejenigen eliminieren, die durch Vertauschen je zweier Atome entstanden sind. Bei N Atomen sind das $N!$ Vertauschungsmöglichkeiten, der sogenannte Gibbs-Faktor (nach Josiah W. Gibbs, 1839–1903). Das macht man sich am besten wieder anhand kleiner Zahlen klar. Bei $N = 2$ gibt es $2! = 2$ Möglichkeiten der Anordnung, nämlich $\{12\}$ und $\{21\}$. Bei $N = 3$ sind es $3! = 6$ Möglichkeiten $\{123, 132, 213, 231, 312, 321\}$ usw. Wir müssen also unsere Zustandsfunktion $\Omega(N,V,U)$ durch $N!$ teilen, um nur die physikalisch unterscheidbaren Zustände zu zählen. Mit der Stirling-Näherung Gl. (4.3), $N! \approx (2\pi N)^{1/2}(N/e)^N$, wird aus dem Ω von Gl. (4.14)

$$\Omega' = \frac{\Omega}{N!} = \sqrt{\frac{3}{8\pi^2}}\left(\frac{e}{N}\right)^{5N/2}\left(\frac{4\pi m}{3h^2}\right)^{3N/2} V^N U^{(3N/2)-1}\delta U. \tag{9.7}$$

Hiervon nehmen wir den Logarithmus und lassen alle Glieder weg, die nicht den Faktor N enthalten:

$$\ln\Omega' = N\left[\frac{5}{2}(1 - \ln N) + \frac{3}{2}\ln\frac{4\pi m}{3h^2} + \ln V + \frac{3}{2}\ln U\right]. \tag{9.8}$$

Die Entropie ergibt sich dann zu

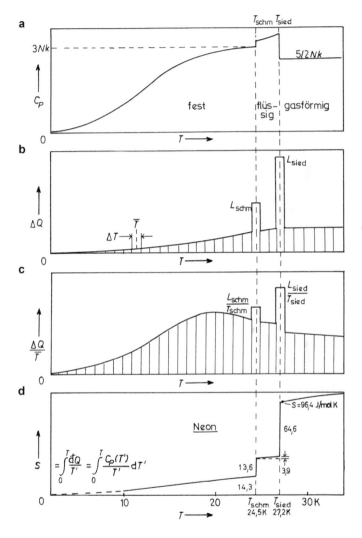

Abb. 9.2 Kalorimetrische Bestimmung der Temperaturabhängigkeit der Entropie. **a** Schematischer Verlauf der Wärmekapazität C_p, **b** die pro Temperaturintervall ΔT als Wärme ΔQ zugeführte Energie, **c** $\Delta Q/T$ aus Teilbild (**b**) berechnet, **d** Integration der Kurve aus Teilbild (**c**) mit Messwerten für Neon um 1936. Unterhalb von etwa 10 K gab es damals noch keine Messwerte (– – – – – –)

$$S = k \ln \Omega' = kN \left\{ \frac{5}{2} + \ln \left[\left(\frac{V}{N} \right) \left(\frac{U}{N} \right)^{3/2} \left(\frac{4\pi m}{3h^2} \right)^{3/2} \right] \right\}. \qquad (9.9)$$

Setzt man hier wieder $U = 3NkT/2$ ein, so folgt

$$(8.4)S = kN \left(\frac{5}{2} + \ln \frac{V}{N} + \frac{3}{2} \ln \frac{2\pi mk}{h^2} + \frac{3}{2} \ln T \right). \qquad (9.10)$$

Das ist die berühmte **Sackur-Tetrode-Gleichung** der Thermodynamik. Setzt man hier Zahlen ein, so folgt für ein Mol Neon bei 27,3 K der Wert $S = 96{,}56$ J/K, in ausgezeichneter Übereinstimmung mit dem experimentellen Wert von 96,4 J/K. Die Annahme der Ununterscheidbarkeit der Atome und ihre Auswirkung auf makroskopische Größen war also richtig. Das wurde durch die ersten Messungen an Sauerstoff 1929 bewiesen und war ein großer Erfolg für die Quantentheorie, die unserer Ω-Formel zugrunde lag. Bei den anderen Edelgasen war die Übereinstimmung ähnlich gut wie bei Neon wie die folgende Tab. 9.1 zeigt.

Hiermit beenden wir unsere kurzen Betrachtungen über die Entropie. Wir haben gezeigt, wenn auch nur für ideale Gase, dass die Boltzmannsche Beziehung Gl. (9.2) richtig ist. Dass also die thermodynamische Größe Entropie direkt zum Logarithmus der Anzahl der Verteilungsmöglichkeiten der Energie auf die Bestandteile eines Körpers proportional ist. Und über die Zustandsfunktion Ω hängt die makroskopische Größe S von den Eigenschaften der Atome ab, von ihrer Masse, ihrem magnetischen Moment, ihrer Schwingungsfrequenz usw. Dieser Weg von der Mikrophysik zur Makrophysik ist eine der großen wissenschaftlichen Errungenschaften des 20. Jahrhunderts. Die Entropie ist ihrerseits Inhalt des zweiten und dritten Hauptsatzes der Thermodynamik und regelt damit alle Vorgänge in Natur und Technik. Mit unserer Einsicht in das Wesen der Entropie können wir daher alle diese Prozesse auch atomistisch verstehen.

Tab. 9.1 Vergleich experimenteller und theoretischer Entropiewerte in J/(mol K)

Gas	T (K)	Experiment	Theorie
Neon	27,3	96,4	96,56
Argon	87,29	129,75	129,24
Krypton	119,93	144,56	145,06
Xenon	165,13	157,68	158,48

Anhang: Das ideale Gas

10

Für diejenigen Leser, die das ideale Gas in der Schule oder in der Vorlesung nicht gehabt haben – oder es wieder vergessen haben – folgt hier eine kurze Einführung in dieses physikalisch wichtigste Modellsystem. Wir benötigen es vor allem als Beispiel für eine mikroskopische, das heißt atomistische, Erklärung der thermodynamischen Größen Temperatur, Wärme und Entropie.

Die physikalischen Eigenschaften von Gasen wurden im 17. und 18. Jahrhundert von Guillaume Amontons (1663–1705), Robert Boyle (1627–1691). Edmé Mariotte (1620–1684) und Joseph Gay-Lussac (1778–1850) erforscht. Ihr Ergebnis war die **thermische Zustandsgleichung**

$$PV = \text{const.} \cdot T. \tag{10.1}$$

Für den Zusammenhang zwischen Druck P, Volumen V und Temperatur T eines Gases. Die Gl. (10.1) beschreibt eine in drei Dimensionen gekrümmte Fläche im P-V-T-Raum wie in Abb. 10.1. Bei allen Zuständen auf der Fläche befindet sich das Gas im Gleichgewicht. Druck, Volumen und Temperatur heißen daher **Zustandsgrößen** des Gases. Die Konstante in Gl. (10.1) konnte erst gegen Ende des 19. Jahrhunderts bestimmt werden, als man die Anzahl N der Atome in einem Gas kannte. Sie hat den Wert const. $= Nk$ mit der Boltzmann-Konstante $k = 1{,}381\ldots \cdot 10^{-23}$ J/K bzw. oder den Wert nR mit der Allgemeinen Gaskonstante $R = 8{,}315\ldots$ J/(mol K) und der Anzahl n der Mole (1 Mol $\triangleq$ 6,022... $\cdot$ 10²³ Teilchen). Die Gl. (10.1) lautet dann

$$\boxed{P V = N k T \quad \text{bzw.} \quad P V = n R T} \tag{10.2a,b}$$

und heißt **ideale Gasgleichung.**

© Springer Fachmedien Wiesbaden GmbH, ein Teil von Springer Nature 2020
K. Stierstadt, *Temperatur und Wärme – was ist das wirklich?*, essentials,
https://doi.org/10.1007/978-3-658-28645-3_10

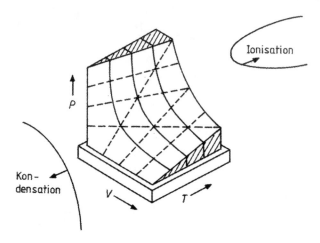

Abb. 10.1 Teilbereich der Zustandsfläche eines idealen Gases. Die durchgezogenen Hyperbeln sind Isothermen ($T=$const.), die gestrichelten Geraden sind Isobaren ($P=$const.) bzw. Isochoren ($V=$const.)

Den Beziehungen Gl. (10.1) und (10.2) liegt das Bild eines Gases zugrunde wie es in Abb. 10.2 zu sehen ist. Die Atome des Gases haben kinetische Energie und fliegen regellos im Raum herum, wobei sie etwa alle 10^{-10} s miteinander zusammenstoßen. Um den Druck eines Gases und seine innere Energie in Abhängigkeit von der Temperatur aus den Eigenschaften der Atome zu berechnen, muss man ein idealisiertes Modell betrachten. Die Wirklichkeit ist, wie so oft in der Physik, viel zu kompliziert. Das Modell soll folgende Eigenschaften haben:

1. Die Gasatome verhalten sich wie starre Kugeln, die nur elastisch zusammenstoßen.
2. Der mittlere Abstand der Gasatome ist sehr groß gegen ihren Durchmesser. Sie sind als annähernd punktförmig zu betrachten.
3. Die Gasatome besitzen nur kinetische Energie und üben nur beim direkten Zusammenstoß Kräfte aufeinander aus, und zwar nur abstoßende, keine anziehenden.
4. Die räumliche Verteilung der Geschwindigkeit der Atome ist homogen und isotrop.

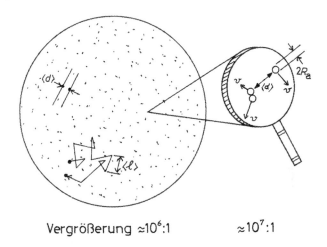

Vergrößerung $\approx 10^6$:1 $\approx 10^7$:1

Abb. 10.2 Vergrößertes Modell eines einatomigen Gases. Im linken Teil ist die Bewegung eines Atoms mit seinen Zusammenstößen skizziert. Die mittlere freie Weglänge $\langle \ell \rangle$ zwischen zwei Stößen ist etwa 20-mal so groß wie der mittlere Abstand $\langle d \rangle$ der Atome. R_a ist der Atomradius

Dies ist das Modell für *einatomige* ideale Gase. Bei mehratomigen Molekülen wird es komplizierter. Dann gilt zum Beispiel Punkt 3 nicht mehr. Die meisten, in der Natur vorkommenden Gase verhalten sich in guter Näherung so, wie hier beschrieben. Das ist etwa der interstellare Wasserstoff, die Edelgase in unserer Atmosphäre und auch die Molekülgase Stickstoff und Sauerstoff in der Luft.

Für ein ideales Gas lässt sich sein Druck auf eine Wand aus seiner Masse m und der Geschwindigkeit v seiner Atome auf folgende Weise berechnen: In Abb. 10.3 ist der Stoß eines Atoms mit dem Impuls $p = mv$ auf eine starre Wand skizziert. Eine Anzahl von Atomen, die im Zeitraum Δt senkrecht auf eine Wand stoßen und von dieser reflektiert werden, üben auf die Wand eine Kraft F_x in x-Richtung aus. Sie ist gleich der Summe der Impulsänderungen $\sum \Delta p_x$, dividiert durch Δt:

$$F_x = \frac{\sum \Delta p_x}{\Delta t}. \tag{10.3}$$

Und der Druck P auf die Wandfläche A beträgt dann

$$P = \frac{F_x}{A} = \frac{\sum \Delta p_x}{A \Delta t}. \tag{10.4}$$

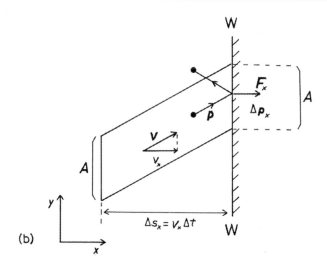

Abb. 10.3 Zur kinetischen Berechnung des Drucks eines Gases auf eine Wand (W- - - -W). A ist die Fläche des Strahlquerschnitts auf der Wand

Bei schräger Reflexion ändert sich an einer ebenen und glatten Wand nur die dazu senkrechte Komponente des Impulses und zwar um $\Delta p_x = 2mv_x$. Wir nehmen nun vereinfachend an, dass alle Atome die gleiche Geschwindigkeit v_x haben. Dann gilt für die Zahl ΔN_x der in der Zeit Δt an der Fläche A reflektierten Atome

$$\Delta N_x = \frac{1}{2} \Delta V_{zyl} \frac{N}{V} = \frac{1}{2} A v_x \Delta t \frac{N}{V}. \tag{10.5}$$

Dabei ist ΔV_{zyl} das Volumen des Zylinders mit der Grundfläche A und der Höhe $\Delta s_x = v_x \Delta t$ und N/V ist die Teilchendichte im Gas. Der Faktor ½ rührt daher, dass wegen der Isotropie der Geschwindigkeitsverteilung (Punkt 4 der oben genannten Modelleigenschaften) nur die Hälfte der Atome eine Geschwindigkeitskomponente in positiver x-Richtung besitzt, die andere Hälfte in negativer. Setzt man nun $\sum \Delta p_x = \Delta N_x \Delta p_x = \Delta N_x \cdot 2mv_x$ mit ΔN_x aus Gl. (10.5) in (10.4) ein, so erhält man für den Druck die Beziehung

$$P = mv_x^2 \frac{N}{V}. \tag{10.6}$$

Nun können wir noch die x-Komponente der Geschwindigkeit durch den Mittelwert der Gesamtgeschwindigkeit v ersetzen, weil natürlich nicht alle Atome die gleiche Geschwindigkeit haben. Wegen der vorausgesetzten Isotropie derselben gilt für voneinander unabhängige Geschwindigkeitskomponenten

$$\langle v^2 \rangle = \langle v_x^2 \rangle + \langle v_y^2 \rangle + \langle v_z^2 \rangle = 3 \langle v_x^2 \rangle. \tag{10.7}$$

Damit wird der Druck

$$P = \frac{1}{3} \frac{N}{V} m \langle v^2 \rangle. \tag{10.8}$$

Mit dieser von Rudolf Clausius vorgeschlagenen Rechnung haben wir den Druck des Gases auf die Eigenschaften m und v seiner Atome zurückgeführt.

Nun betrachten wir die Temperatur, indem wir P aus Gl. (10.8) in die thermische Zustandsgleichung Gl. (10.2) einsetzen:

$$T = \frac{PV}{Nk} = \frac{1}{3} \frac{m \langle v^2 \rangle}{k}. \tag{10.9}$$

Nach Punkt 3 unserer Modellannahmen besitzen die Gasatome nur kinetische Energie $\langle \varepsilon \rangle = m \langle v^2 \rangle / 2$. Damit können wir Gl. (10.9) auch in der Form

$$T = \frac{2}{3} \frac{\langle \varepsilon \rangle}{k} \tag{10.10}$$

schreiben. Nun ersetzen wir $\langle \varepsilon \rangle$ noch durch die Gesamtenergie $U = N \langle \varepsilon \rangle$ aller N Gasatome und erhalten

$$\boxed{T = \frac{2U}{3Nk} \quad \text{bzw.} \quad U = \frac{3}{2} NkT.} \tag{10.11}$$

Das ist die **kalorische Zustandsgleichung** eines einatomigen idealen Gases mit der inneren Energie U. Bei mehratomigen Gasen ändert sich der Faktor 3/2 in dieser Beziehung: Je nach der Anzahl der Bewegungsmöglichkeiten der Atome im Molekül wird die Ziffer 3 durch eine größere ersetzt.

Ob die Gl. (10.11) richtig ist, lässt sich leicht durch Messung der Wärmekapazität C prüfen. Diese ist ja definiert durch $C = \partial U / \partial T$, und das sollte nach Gl. (10.11) temperaturunabhängig sein, nämlich $C = 3Nk/2$. Für die einatomigen Edelgase He, Ne, Ar, Kr und Xe zeigt das Experiment bei einer relativen Genauigkeit von 10^{-5} eine hervorragende Übereinstimmung mit diesem Wert. In der Tab. 10.1 sind Zahlenwerte für die Eigenschaften des Edelgases Argon zusammengestellt, das im Text dieses *essentials* häufig als Beispiel benutzt wird. Argon ist mit einem Volumenanteil von 1 % in unserer Atmosphäre enthalten und ist ein Zerfallsprodukt des natürlich radioaktiven Kaliums.

Tab. 10.1 Zahlenwerte für das ideale Gas Argon bei Normalbedingungen ($T = 273{,}15$ K, $P = 1{,}01325$ bar)

Eigenschaft	Zahlenwert
Relatives Atomgewicht	$M_a = 39{,}95$
Absolute Atommasse[a]	$m_a = M_a m_u = 6{,}634 \cdot 10^{-26}$ kg
Massendichte	$\rho = 1{,}784$ kg/m³
Teilchendichte (Anzahldichte)	$\rho_t = \rho/m_a = N/V = 2{,}689 \cdot 10^{25}$ m^{-3}
Atomvolumen	$V_a = 2{,}87 \cdot 10^{-29}$ m³
Atomradius	$R_a = 1{,}90 \cdot 10^{-10}$ m
Mittlere Atomgeschwindigkeit	$<v> = 380{,}5$ m/s
rms-Geschwindigkeit	$v_{rms} = 413{,}0$ m/s
Pro Atom verfügbares Volumen	$V_t = 1/\rho_t = 3{,}717 \cdot 10^{-26}$ m³ $\approx 1300\ V_a$
Mittlerer Atomabstand	$<d> = <V_t^{1/3}> = 3{,}339 \cdot 10^{-9}$ m $\approx 18\ R_a$
Mittlere kinetische Energie eines Atoms	$<\varepsilon> = 5{,}656 \cdot 10^{-21}$ J $\approx 0{,}0353$ eV
Energiedichte des Gases	$U/V = \rho_t \varepsilon = 1{,}521 \cdot 10^{5}$ J/m³
Mittlere freie Weglänge	$<\ell> = 5{,}796 \cdot 10^{-8}$ m $\approx 17<d>$
Mittlere Stoßzeit	$<\tau> = <\ell>/<v> = 1{,}524 \cdot 10^{-10}$ s

[a] m_u ist die atomare Masseneinheit $1{,}6605 \cdot 10^{-27}$ kg $= m(C_{12})/12$

Was Sie aus diesem *essential* mitnehmen können

- Temperatur, Wärme und Entropie sind keine Eigenschaften der einzelnen Atome oder der Elementarteilchen. Diese Größen kommen erst durch das kollektive oder kooperative Zusammenwirken sehr vieler Teilchen zustande. Am einzelnen Teilchen kann man sie nicht definieren oder nachweisen.
- Temperatur, Wärme und Entropie eines Körpers kann man aus den Eigenschaften seiner Atome oder der Elementarteilchen berechnen. Diese Größen lassen sich alle aus der Anzahl der Möglichkeiten herleiten, die Energie eines Körpers auf seine Bestandteile zu verteilen, der sogenannten Zustandszahl oder Zustandsfunktion.
- Diese Zustandsfunktion kann man für bestimmte einfache Modelle aus der mikroskopischen Energie der Bestandteile eines Körpers berechnen. Und daraus lassen sich dann die thermodynamischen Größen bestimmen.

© Springer Fachmedien Wiesbaden GmbH, ein Teil von Springer Nature 2020
K. Stierstadt, *Temperatur und Wärme – was ist das wirklich?*, essentials,
https://doi.org/10.1007/978-3-658-28645-3

Literatur

1. Stierstadt, K. (2015). *Energie – das Problem und die Wende in Physik, Technik und Umwelt.* Haan-Gruiten: Europa-Lehrmittel.
2. Schroeder, D. V. (2000). *An introduction to thermal physics.* San Francisco: Addison Wesley.
3. Stierstadt, K. (2018). *Thermodynamik für das Bachelorstudium.* Berlin: Springer.
4. Stierstadt, K. (2020). *Thermodynamische Potenziale, essential.* Berlin: Springer (in Vorbereitung).

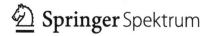

Printed in the United States
By Bookmasters